D1697007

Behr — Grundlagen der Textilchemie

Lehrbücher für den Facharbeiter
für Textiltechnik

DETLEV BEHR

Grundlagen der Textilchemie

4., neubearbeitete Auflage
Mit 17 Bildern und 14 Tabellen

VEB FACHBUCHVERLAG LEIPZIG

Als berufsbildende Literatur für die Ausbildung der Lehrlinge zum Facharbeiter und für Werktätige, die zum Facharbeiter ausgebildet werden, für verbindlich erklärt.

Ministerium für Leichtindustrie Berlin, den 31. 3. 1987

Das Lehrbuch »Grundlagen der Textilchemie« wurde unter Leitung der Berufsfachkommission »Facharbeiter für Textiltechnik« beim VEB Kombinat Wolle und Seide, Meerane, von Text.-Ing. Detlev Behr, Gera, erarbeitet.

Behr, Detlev:
Grundlagen der Textilchemie / Detlev Behr. — 4., neubearb. Aufl. — Leipzig: Fachbuchverl., 1988. — 112 S. : mit 17 Bild. u. 14 Tab. (Lehrbücher für den Facharbeiter für Textiltechnik) NE: GT

ISBN 3-343-00271-2

4. Auflage
Lizenznummer: 114-210/48/88
LSV 3912
Verlagslektor: Rosemarie Drese
Printed in GDR
Satz und Druck: VEB Druckhaus „Maxim Gorki“, Altenburg
Redaktionsschluß: 25. 5. 1988
Bestellnummer: 5473821
00645

Vorwort

Das Lehrbuch »Grundlagen der Textilchemie« soll dem in der Berufsausbildung stehenden »Facharbeiter für Textiltechnik — Spezialisierungsrichtung Textilveredlung« sowie dem »Textilreinigungsfacharbeiter« ein solches Grundwissen vermitteln, welches ermöglicht, die im Unterricht gewonnenen theoretischen Kenntnisse sinnvoll in der Praxis anzuwenden.
Der Bildungsstoff ist genau nach den im Unterrichtsfach »Textilchemie« in der entsprechenden Ausbildungsunterlage für die sozialistische Berufsausbildung enthaltenen stofflichen Schwerpunkten geordnet. Wenn einzelne Abschnitte etwas ausführlicher erläutert wurden, so sollen daraus weitere Erkenntnisse gewonnen werden, die Anregung zur selbständigen Weiterbildung sind. Für das Meisterstudium »Textilveredlung« und »Textilreinigung« ist dieses Lehrwerk griffbereite Ergänzungsliteratur.
Mit dem Lehrbuch »Veredlung von Textilien« bildet dieses Lehrmaterial eine untrennbare Einheit zur Ausbildung von qualifizierten Facharbeitern.
Neu am Lehrwerk ist durchgängig die seit 1. 4. 1985 verbindliche IUPAC-Schreibweise, die bei allen chemischen Verbindungen angewendet wurde.
Für die fachliche Beratung und Unterstützung danken wir besonders Herrn Dr. Meinhold, wissenschaftlicher Oberassistent an der Sektion Chemie der Karl-Marx-Universität.

Autor und Verlag

Die Arbeit mit dem Lehrbuch durch Symbolik

1.	M	Merksatz
2.	▷	Wichtige Übersichten oder Tabellen zwecks Einprägung (Der Pfeil ist in den folgenden Bogen grün auszuzeichnen!)
3.	(E)	Einprägung wichtiger Strukturbilder oder Reaktionsgleichungen (Der Kreis ist in den folgenden Bogen rot auszuzeichnen!)
4.	(V)	Versuch (Der Kreis ist in den folgenden Bogen rot auszuzeichnen!)
5.	■	Merkmale/Eigenschaften
6.	V	Verwendungszweck
7.	(A)	Hinweis auf Arbeits-, Gesundheits- und Brandschutz (Der Kreis ist in den folgenden Bogen rot auszuzeichnen!)

Inhaltsverzeichnis

1. **Einführung in das Fachgebiet** ... 9

2. **Säuren und Basen** ... 11
2.1. Chemische Besonderheiten ... 11
2.2. Wichtige Säuren für die Textilveredlung ... 15
2.3. Wirkung von Säuren auf textile Faserstoffe ... 18
2.4. Wichtige Basen für die Textilveredlung ... 18
2.5. Wirkung von Basen auf textile Faserstoffe ... 20

3. **Salze** ... 22
3.1. Chemische Besonderheiten ... 22
3.2. Wichtige Salze für die Textilveredlung ... 24

4. **Der *p*H-Wert** ... 29
4.1. Ableitung und Begriff ... 29
4.2. Einteilung in Meßstufen ... 30
4.3. Messung des *p*H-Wertes ... 31
4.4. Pufferlösungen ... 33

5. **Wasser** ... 35
5.1. Einführung ... 35
5.2. Wasserhärte und ihre Entstehung ... 37
5.3. Einteilung der Härtegrade ... 38
5.4. Härtearten und ihre Besonderheiten ... 39
5.5. Wasserhärtebestimmungen ... 41
5.5.1. Gesamthärtebestimmungen ... 41
5.5.2. Bestimmung der Carbonathärte ... 43
5.5.3. Bestimmung der Kalkhärte ... 44
5.6. Bestimmung des *p*H-Wertes ... 44
5.7. Wasserenthärtungsverfahren ... 46
5.7.1. Übersicht ... 46
5.7.2. Niederschlagsverfahren ... 46
5.7.3. Ionenaustauschverfahren ... 47
5.7.4. Komplexsalzenthärtung ... 49

6. **Chemie der grenzflächenaktiven Textilhilfsmittel (Tenside)** ... 51
6.1. Einführung ... 51
6.2. Begriff Tensid ... 51
6.3. Chemisches Aufbauprinzip eines Tensids ... 52
6.4. Nachweis der Grenzflächenaktivität ... 53
6.5. Gruppenzugehörigkeit ... 54
6.6. Abhängigkeit der Wirkungsweise von der chemischen Struktur ... 54
6.7. Lösungen und Dispersionen ... 55
6.7.1. Übersicht ... 55

6.7.2. Kolloide Dispersionen ... 56
6.7.3. Emulsionen ... 56
6.7.4. Suspensionen ... 57
6.8. Wirkungsweise der Tenside in Lösung ... 57
6.9. Anionaktive Tenside ... 63
6.10. Kationaktive Tenside ... 67
6.10.1. Aufbau ... 67
6.10.2. Besonderheiten und Eigenschaften ... 69
6.11. Nichtionogene Tenside ... 69
6.11.1. Aufbau ... 69
6.11.2. Eigenschaften ... 70
6.11.3. Handelsprodukte ... 71
6.12. Bestimmung der Gruppenzugehörigkeit grenzflächenaktiver Textilhilfsmittel (THM) ... 73

7. Farbstoffe ... 77
7.1. Entstehung einer Farbe ... 77
7.2. Aufbau eines Farbstoffes ... 78
7.3. Optische Aufheller ... 81

8. Chemie der organischen Lösungsmittel für die Textilreinigung ... 85
8.1. Allgemeine Problematik ... 85
8.2. Wichtige Kennzahlen organischer Lösungsmittel ... 86
8.3. Kohlenwasserstoffe ... 88
8.4. Chlorkohlenwasserstoffe ... 89
8.5. Fluorchlorkohlenwasserstoffe ... 91
8.6. Andere wichtige organische Lösungsmittel ... 92
8.7. Reinigungsverstärker ... 94

9. Oxidationsmittel und Reduktionsmittel ... 96
9.1. Chemische Besonderheiten ... 96
9.2. Wichtige Oxidationsmittel für die Textilveredlung ... 97
9.2.1. Wasserstoffperoxid H_2O_2 ... 97
9.2.2. Natriumhypochlorit $NaClO$ ... 98
9.2.3. Natriumchlorit $NaClO_2$ ... 99
9.3. Wichtige Reduktionsmittel in der Textilveredlung ... 100
9.3.1. Natriumthiosulfat $Na_2S_2O_3 \cdot 5H_2O$ (Antichlor) ... 100
9.3.2. Natriumhydrogensulfit $NaHSO_3$ ... 100
9.3.3. Natriumdithionit (Natriumhydrosulfit) $Na_2S_2O_4$ ($\cdot 2H_2O$) ... 101

10. Detachiermittel ... 103
10.1. Begriff ... 103
10.2. Einteilung und Einsatzgebiete (Tabelle 13) ... 103

11. Stärke und Stärkederivate ... 106
11.1. Übersicht der Kohlenhydrate ... 106
11.2. Stärke ... 106
11.3. Stärkederivate ... 108

Literaturverzeichnis ... 108

Sachwortverzeichnis ... 109

1. Einführung in das Fachgebiet

Die Textilchemie befaßt sich mit den chemischen Grundlagen textiler Faserstoffe und insbesondere der Hilfsstoffe, mit ihren Wechselbeziehungen unter bestimmten Einflüssen und folglich mit den chemischen Zusammenhängen bei textilen Veredlungsverfahren.

Damit soll hier deutlich erklärt werden, daß dieses für Sie neue Fach eigentlich gar nicht von dem Fach der theoretischen Grundlagen der Textilveredlung und dem Gebiet der Faserstoffe zu trennen ist und mit ihnen eine Einheit bildet.

Deshalb ist es also notwendig, daß der »Facharbeiter für Textiltechnik«, besonders der Spezialisierungsrichtung Textilveredlung, gerade in der heutigen Zeit, in der die technisch-wissenschaftliche Entwicklung so schnell voranschreitet, sich umfassende Kenntnisse in der Textilchemie aneignet, daß er sie nicht nur erwirbt, sondern sie auch täglich in seiner Praxis anwendet. Nur so können Sie als selbständig arbeitender, verantwortungsbewußt handelnder Facharbeiter Ihren Posten voll und ganz ausfüllen, nämlich den Platz, an dem die Gesellschaft Sie benötigt.

An einigen Beispielen soll Ihnen erläutert werden, was die Textilchemie zum Inhalt hat. Sie können sicherlich auch von sich aus diese Beispiele noch erweitern. Dieses Fachgebiet hat sich nicht allein nur mit der chemischen Zusammensetzung von Faserstoffen, Farbstoffen oder textilchemischen Produkten zu beschäftigen, sondern auch mit den Zusammenhängen dieser drei Problemkomplexe.

Dazu kommt noch, daß die Textilchemie auch der Textilveredlung in Vorappretur, Färberei, Druckerei sowie Nachappretur täglich neue Rezepturen neuer Verfahrenstechniken anbieten muß, um bei der Gesamtverarbeitung dann zu einer optimalen Qualität textiler Waren zu gelangen. Das heißt, alle Produkte müssen für einen bestimmten Textilveredlungsvorgang sinnvoll ausgewählt und richtig dosiert werden, um auch die bestmögliche Veredlungstechnologie mit geringstem ökonomischem Aufwand (Material, Zeit, Maschinenauslastung usw.) zu erreichen.

Das sind auch die Forderungen der Beschlüsse von Partei und Regierung, nämlich durch eine ständige Qualitätsverbesserung, Erhöhung der Quantität und Preiswürdigkeit der Erzeugnisse die wachsenden Bedürfnisse unserer Werktätigen an hochqualitativen Textilien zu befriedigen. Dazu kann die Textilchemie einen wesentlichen Beitrag leisten.

Eine folgende Übersicht möge Ihnen den Inhalt der Textilchemie deutlich veranschaulichen!

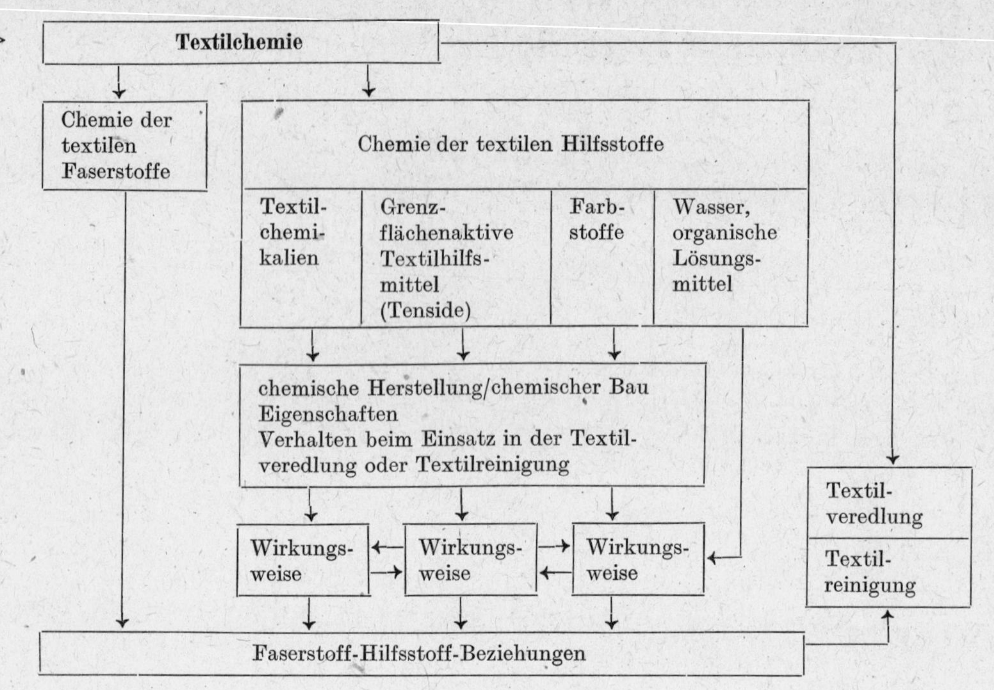

→ bedeutet

↔ gegenseitige Beeinflussung

2. Säuren und Basen

2.1. Chemische Besonderheiten

Anorganische und organische Säuren sowie auch Basen sind wichtige Chemikalien für die Textilveredlung. Deshalb soll hier zunächst die Frage geklärt werden, was unter einer Säure oder Base zu verstehen ist. Ursprünglich bezeichnete man als Säuren solche Verbindungen, die in wäßriger Lösung die *Protonenkonzentration* (H-Ionenkonzentration) erhöhen. Basen dagegen erhöhen die *Hydroxidionenkonzentration* (OH-Ionenkonzentration). Obwohl diese Definition des Säure/Base-Begriffs nach *Arrhenius* und *Ostwald* aus heutiger Sicht nicht umfassend genug ist, genügt er doch in vielen Fällen durchaus, denn man kann daraus eine ganze Reihe für uns wichtiger Aussagen ableiten:

1. Träger der sauren Eigenschaften sind die Protonen, die der basischen Eigenschaften die Hydroxidionen.
2. Die in wäßriger Lösung gebildeten Mengen von Protonen bzw. Hydroxidionen bestimmen die Stärke einer Säure (starke Säure — hohe H^+-Ionenkonzentration) bzw. Base (starke Base — hohe OH-Ionenkonzentration)
3. Gleiche molare (äquivalente) Mengen von H^+- und OH^--Ionen neutralisieren sich in wäßriger Lösung nach $H^+ + OH^- \rightleftharpoons H_2O$
   (Diesen Vorgang nutzt man bei der Neutralisationsanalyse zur quantitativen Bestimmung von Säuren oder Basen.)

Den Vorgang der Abspaltung von H^+-Ionen aus Säuren bzw. OH^--Ionen aus Basen bezeichnet man als *elektrolytische Dissoziation*, z. B.:

$$HCl \rightleftharpoons H^+ + Cl^-$$

$$NaOH \rightleftharpoons Na^+ + OH^-$$

Säuren, die mehr als einen dissoziationsfähigen Wasserstoff enthalten, bezeichnet man als *mehrwertige* oder *mehrbasige Säuren*. Ihre elektrolytische Dissoziation erfolgt dann in Stufen:

$$H_2SO_4 \xrightleftharpoons{H_2O} H^+ + HSO_4^-$$

$$HSO_4 \xrightleftharpoons{H_2O} H^+ + SO_4^{2-}$$

$$H_2SO_4 \xrightleftharpoons{H_2O} 2H^+ + SO_4^{2-}$$

Weitere Beispiele können für die Säuren H_2S, H_3PO_4 oder H_2CO_3 gebildet werden. Entsprechend bezeichnet man Basen, die mehr als ein dissoziationsfähiges Hydroxid enthalten, als *mehrwertige* oder *mehrsäurige Basen*. Sie dissoziieren ebenfalls stufenweise, wie zum Beispiel:

$$Ba(OH)_2 \rightleftharpoons Ba(OH)^+ + OH^-$$

$$Ba(OH)^+ \rightleftharpoons Ba^{2+} + OH^-$$

$$Ba(OH)_2 \rightleftharpoons Ba^{2+} + 2OH^-$$

Weitere Beispiele können für die Basen $Ca(OH)_2$ oder $Al(OH)_3$ gebildet werden.

Für das Verständnis bestimmter Probleme ist es zweckmäßig, einen weiteren Säure/Base-Begriff zu kennen.
Nach *Bronstedt-Lowry* sind Säuren Protonenspender oder *Protonendonatoren* und Basen Protonenempfänger oder *Protonenakzeptoren.*
Dies kann man wie folgt formulieren:

$$\boxed{\text{Säure} \rightleftharpoons \text{Base} + H^+}$$

Eine Säure/Basen-Reaktion wäre danach

$$\boxed{SH + B \rightleftharpoons BH^+ + S^-}$$

Säure Base

Wie man aus der vorigen allgemeinen Gleichung ersieht, manifestiert sich der saure Charakter einer Verbindung erst in Gegenwart einer Base und umgekehrt der basische Charakter einer Verbindung erst in Gegenwart einer Säure. Saure und basische Eigenschaften (Acidität und Basizität) sind also auch relative Eigenschaften.
Betrachtet man dazu das Wasser und sein Verhalten bei zwei Reaktionen:

1. Fall	HCl	+	H_2O	$\rightleftharpoons H_3O^+$		$+ Cl^-$
	Säure 1		Base 2	Säure 2	+	Base 1
2. Fall	NH_3	+	H_2O	$\rightleftharpoons NH_4^+$		$+ OH^-$
	Base 1		Säure 2	Säure 1	+	Base 2

Im ersten Fall ist Wasser Base, da es ein stärkerer Protonenakzeptor ist als Cl^-, und im zweiten Fall ist Wasser Säure, da es ein schwächerer Protonenakzeptor ist als Ammoniak, und wird daher zum Protonendonator. Das Hydroxidion hat seine funktionelle Bedeutung verloren, denn *Bronstedt-Lowry* betrachten ausschließlich die *reversible Überführung* des Protons.
Man erkennt aus den vorangegangenen Gleichungen zwei Fälle der reversiblen Protonenüberführung bezüglich des Wassers:

Fall 1: $H^+ + H_2O \rightleftharpoons H_3O^+$

Fall 2: $H_2O \rightleftharpoons H^+ + OH^-$

und außerdem im ersten Fall bezüglich des Chlorwasserstoffes HCl

$HCl \rightleftharpoons H^+ + Cl^-$

bzw. im zweiten Fall bezüglich des Ammoniaks NH_3

$NH_3 + H^+ \rightleftharpoons NH_4^+$

Man kann diese 4 Gleichungen wie folgt verallgemeinern:

Ⓔ Säure $\rightleftharpoons$ Base $+ H^+$

$H_3O^+ \rightleftharpoons H_2O + H^+$

$H_2O \rightleftharpoons OH^- + H^+$

$NH_4^+ \rightleftharpoons NH_3 + H^+$

$HCl \rightleftharpoons Cl^- + H^+$

Solche Systeme mit reversiblem Protonenübergang, wie zum Beispiel die vorstehenden vier, bezeichnet man als *korrespondierende* oder *konjugierte Säure/Basen-Paare* (protolytisches System). Es gilt nun, daß starke Säuren starke *H^+-Donatoren* und starke Basen starke *H^+-Akzeptoren* sind. Außerdem gilt, daß starke Säuren (H_3O^+, NH_4^+, HCl) mit schwachen Basen (H_2O, NH_3, Cl^-) und starke Basen (OH^-) mit schwachen Säuren H_2O reagieren.

Eine Protolysereaktion ist dadurch gekennzeichnet, daß ein Mol oder Ion unter Abgabe oder Aufnahme eines Protons reagiert. Eine solche Protolysereaktion stellt stets ein protolytisches System dar.
Die Stärke einer Säure oder Base wird durch ihren elektrolytischen Dissoziationsgrad in 1n-Lösung bestimmt (Tabelle 1).

Tabelle 1. Einteilung der Säuren

	1. Starke Säuren	2. Mittelstarke Säuren	3. Schwache Säuren
Dissoziation in 1n-Lösung:	vollständig	1...20%	< 1%
*p*H-Wert	0	> 0...1	> 1
Arten der Säuren	H_2SO_4 HNO_3 HCl $HClO_4$ HCOOH $(COOH)_2$	H_3PO_4	H_3BO_3 HClO HCN

Organische Säuren unterscheiden sich in einigen Merkmalen von den anorganischen Säuren. Sie weisen Besonderheiten auf, die der folgenden Tabelle zu entnehmen sind (Tabelle 2).

Tabelle 2. Besonderheiten organischer Säuren am Beispiel der homologen Reihe der Alkansäuren

Name	Summenformel	Dissoziationsformel	Besonderheiten
Methansäure (Ameisensäure)	HCOOH	$HCOO^-H^+$	Alle Alkansäuren sind 1wertig
Ethansäure (Essigsäure)	CH_3COOH	$CH_3COO^-H^+$	↓ Dissoziation nimmt ab ↓ Stärke nimmt ab ↓ Wasserlöslichkeit nimmt ab ↓ negativ geladener Säurerest nimmt zu
Propansäure	C_2H_5COOH	$C_2H_5COO^-H^+$	
Butansäure	C_3H_7COOH	$C_3H_7COO^-H^+$	
.	.	.	
.	.	.	
.	.	.	
Allgemeine Formel	$C_nH_{2n+1}-COOH$	$C_nH_{2n+1}-COO^-H^+$	

Die Wertigkeit einer organischen Säure wird stets durch die Anzahl ihrer COOH-Gruppen oder auch anderer möglichen Säuregruppen bestimmt (Tabelle 3).

Tabelle 3. Einteilung der Basen

	Starke Basen	Schwache Basen
Dissoziationsgrad in 1n-Lösung	vollständig	unvollständig
*p*H-Wert	14	< 14
Arten der Basen	NaOH KOH	alle übrigen

Konzentrationsangaben

In vielen Bereichen der Textilveredlung spielen Konzentrationsangaben von Säuren, Basen oder anderen Chemikalien eine große Rolle. Allgemein handelt es sich dabei (für flüssige Systeme) um die Angabe der Menge eines bestimmten Stoffes, die in einer Volumeneinheit enthalten ist. Dabei kann die Konzentrationsangabe in Prozent:

Masse-% $\triangleq$ g in 100 g Lösung oder

Vol-% $\triangleq$ ml in 100 ml Lösung bzw. auch

als absolute Menge je Volumeneinheit, z. B. g je Liter = g/l oder $g \cdot l^{-1}$ erfolgen. Für chemische Reaktionen in Lösung hat es sich als zweckmäßig erwiesen, den Begriff der *molaren Lösung* einzuführen.
Darunter versteht man eine Lösung, die bei 20 °C in einem Liter 1 mol eines bestimmten Stoffes gelöst enthält.

$$1\,m = 1\,mol \cdot l^{-1}$$

Entsprechend gibt es auch *x*-molare (1/10, 1/100, ..., 2,5 u. a.) Lösungen.

1 mol = rel. Molmasse in Gramm

rel. Molmasse = Summe der relativen Atommassen laut Formel

Diese Art der Konzentrationsangabe hat den Vorteil, daß z. B. gleiche Volumina einer 1 m Lösung von Chlorwasserstoff (HCl) und Ätznatron (NaOH) vollständig miteinander reagieren:

$$HCl + NaOH \rightleftharpoons NaCl + H_2O$$

Sobald man aber zu einer mehrbasigen Säure wie Phosphorsäure übergeht, sind die Volumenverhältnisse nicht mehr so einfach. Gemäß der Gleichung

$$H_3PO_4 + 3\,NaOH \rightleftharpoons Na_3PO_4 + 3\,H_2O$$

benötigt man je Volumen 1 m H_3PO_4-Lösung das dreifache Volumen an einer 1 m NaOH-Lösung.

Solche oder ähnliche Probleme haben zur Definition der Normallösung geführt. Es handelt sich dabei um Lösungen, von denen gleiche Volumina (im Sinne einer bestimmten Reaktion) vollständig miteinander reagieren.
Unter Normallösung versteht man eine Lösung, die im Liter 1 Grammäquivalent des gelösten Stoffes enthält. Dabei ist das Grammäquivalent (Val) der Quotient der relativen Molmasse (früher Molekulargewicht) und der *»wirksamen Wertigkeit«* (Wertigkeit der Säure oder Base bzw. Wertigkeitswechsel bei Redox-Reaktionen).

$$\text{Grammäquivalent} = \frac{\text{Molekulargewicht (rel. Molmasse)}}{\text{»wirksame Wertigkeit«}} = 1\ \text{val}$$

1 val ist eine dimensionslose Größe wie auch die relative Molmasse.
Die »wirksame Wertigkeit« ist die Wertigkeit der Säure ($HCl = 1$; $H_2SO_4 = 2$; $H_3PO_4 = 3$) und Wertigkeit der Base ($NaOH = 1$; $Ca(OH)_2 = 2$ usw.) bzw. bei Redoxreaktionen die Zahl der aufgenommenen oder abgegebenen Elektronen ($KMnO_4 = 5$; $Na_2S_2O_3 = 1$).

Beispiel für die Berechnung einer 1n-Lösung
Schwefelsäure H_2SO_4

$$m = \frac{c_n \cdot M \cdot V}{z}$$

m Masse des gelösten Stoffes in g
c_n Normalität
M Molekulargewicht (rel. Molmasse)
V Volumen in l
z »wirksame Wertigkeit«

$$m = \frac{1{,}0\ \text{mol}\ l^{-1} \cdot (2 \cdot 1 + 1 \cdot 32 + 4 \cdot 16)\ \text{g mol}^{-1} \cdot 1{,}0\ l}{2} = 49\ \text{g}$$

Das heißt: 1n Schwefelsäure enthält 49 gl^{-1} 100%ige Schwefelsäure im Liter.

Auf diese Weise können Sie verschiedene Konzentrationen nicht nur berechnen, sondern Sie sind auch in der Lage, einige Normallösungen selbst herzustellen.

2.2. Wichtige Säuren für die Textilveredlung

Schwefelsäure H_2SO_4

Rel. Molmasse: 98,08
Wertigkeit: 2wertig
Stärke: starke Säure
Salze: Sulfate

Handelsübliche Konzentration technischer Schwefelsäure: 96...98%ig
Nachweis mit Bariumchlorid $BaCl_2$ (Ansäuern mit verdünnter Salzsäure)

$H_2SO_4 + BaCl_2 \rightarrow BaSO_4\downarrow + 2HCl$ weißer Niederschlag Ⓥ

Vorsicht beim Umgang mit konzentrierter Schwefelsäure! Sie ist stark ätzend. Besonders beim Verdünnen von Schwefelsäure mit Wasser gießt man die konzentrierte Säure vorsichtig am Rand in kaltes Wasser. Niemals umgekehrt! Erst das Wasser, dann die Säure! Ebenso ist es notwendig, beim Umgang mit Säure eine Schutzbrille sowie Gummihandschuhe zu tragen.

V *Einsatz in der Textilveredlung*

1. Carbonisieren von Wolle
   Tränken der Wolle in einer 4,5...6,7%igen Schwefelsäure bei Raumtemperatur während 1/2 bis 3 Stunden. Anschließend erfolgt das Schleudern (ohne zu spülen) und danach ein Brennen bei 100 °C, wobei eine Zerstörung aller pflanzlichen Bestandteile garantiert ist. Zuletzt wird die textile Fläche durch eine sogenannte Rumpel geführt, die mit Riffelwalzen versehen ist. Hierbei werden die Cellulosebestandteile zu Staub zerrieben.
2. Als Zusatzmittel beim Färben von Wolle mit stark sauer ziehenden Säurefarbstoffen (Egalisierungsfarbstoffe) und 1:1-Metallkomplexfarbstoffen. Damit wird das erforderliche starksaure Medium eingestellt.
3. Zum Neutralisieren alkalischer Flotten oder stark alkalisch behandelter Faserstoffe

Salzsäure HCl (Chlorwasserstoffsäure)

Rel. Molmasse: 36,5
Wertigkeit: 1wertig
Stärke: starke Säure
Salze: Chloride

Handelsübliche Konzentration: 33%ig, 38%ig
Nachweis mit Silbernitratlösung $AgNO_3$ (mit verdünnter Salpetersäure ansäuern)

Ⓥ $HCl + AgNO_3 \rightarrow AgCl \downarrow + HNO_3$

weißer Niederschlag, der sich in Ammoniak oder Ammoniumcarbonat-Lösung löst

Ⓐ Vorsicht beim Umgang mit konzentrierter Salzsäure! Stets Schutzbrille tragen!

V *Einsatz in der Textilveredlung*

1. Entfernung kationischer Nachbehandlungsmittel substantiver Färbungen auf Cellulosefaserstoffen
2. Entfernung chemischer Appreturmittel auf Harzbasis von textilen Faserstoffen bzw. textilen Flächen.

Methansäure (Ameisensäure) HCOOH

Rel. Molmasse: 46
Wertigkeit: 1wertig
Stärke: starke Säure
Salze: Formiate (Methanoate)

Handelsübliche Konzentration: 85%ig
Nachweis mit Kaliumpermanganatlösung $KMnO_4$

Ⓥ Bei Zugabe von HCOOH zu verdünnter $KMnO_4$-Lösung erfolgt eine Entfärbung der rotvioletten Lösung.

Einsatz in der Textilveredlung

1. Färben von Wolle mit stark sauer ziehenden Säurefarbstoffen
2. Walken von Wolle
   Beim sauren Walken werden textile Flächen aus Wolle besonders durch mechanische Einwirkung verfilzt und verdichtet. Das saure Walkmedium wird hierbei durch Ameisensäure eingestellt.
3. Zum Sauerstellen des Färbebades für Polyester- und Triacetatfaserstoffe beim Färben mit Dispersionsfarbstoffen (pH 5,5).

Ethansäure (Essigsäure) CH_3COOH

Rel. Molmasse:	60
Wertigkeit:	1wertig
Stärke:	schwache Säure
Salze:	Acetate (Ethanoate)

Handelsübliche Konzentration: 96%ig als Eisessig (erstarrt bei etwa 16 °C zu »Eis«)
Nachweis mit Eisen(III)-chlorid $FeCl_3$

$$3CH_3COOH + FeCl_3 \rightarrow (CH_3COO)_3Fe + 3HCl$$

Bildung von gelbbraunem Eisenacetat

Vorsicht beim Umgang mit Eisessig sowie beim Verdünnen konzentrierter Säure! Schutzbrille tragen!

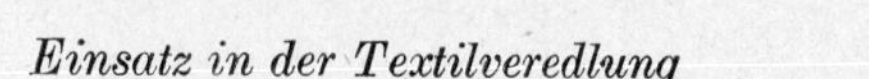

Einsatz in der Textilveredlung

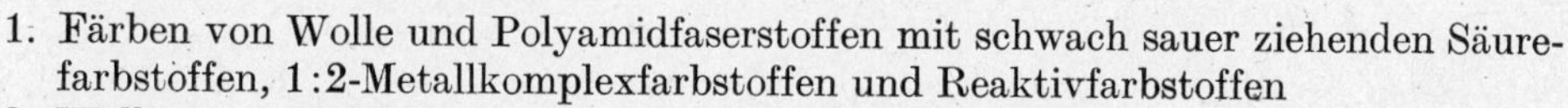

1. Färben von Wolle und Polyamidfaserstoffen mit schwach sauer ziehenden Säurefarbstoffen, 1:2-Metallkomplexfarbstoffen und Reaktivfarbstoffen
2. Walken von Wolle
3. Als Zusatzmittel zum Waschen von Wolle (saure Wollwäsche)

Ethandisäure (Oxalsäure) $(COOH)_2$ $(\cdot 2H_2O)$

Rel. Molmasse:	90 (+ 36)
Wertigkeit:	2wertig
Stärke:	starke Säure
Salze:	Oxalate

Handelsform: wasserfrei als $(COOH)_2$ oder als Dihydrat

$(COOH)_2 \cdot 2H_2O$ mit Molmasse 126

Nachweis mit Kaliumpermanganatlösung $KMnO_4$

Wie die Methansäure kann auch die Ethandisäure aufgrund ihrer reduzierenden Eigenschaften mit $KMnO_4$-Lösung nachgewiesen werden (Entfärbung)

$$(COOH)_2 \rightarrow 2CO_2 + 2H^+ + 2e$$

Kaliumpermanganatlösung $KMnO_4$ (verdünnt) wird durch Ethandisäure (Oxalsäure) entfärbt.

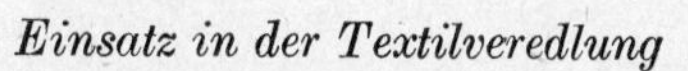

Einsatz in der Textilveredlung

Als Zusatzmittel in Waschflotten zwecks Beseitigung von Rostflecken auf textilen Faserstoffen.

2.3. Wirkung von Säuren auf textile Faserstoffe

Es soll hierbei nur ein grober Überblick über die wichtigsten Faserstoffgruppen und deren Beständigkeit gegenüber den behandelten Säuren gegeben werden.

1. Cellulosefaserstoffe
Säuren wirken im allgemeinen sehr schädigend auf Cellulosefaserstoffe. Mit abnehmender Stärke, Konzentration und Temperatur sinkt die Schädigungsgefahr. Im verdünnten Zustand bei entsprechender Behandlung zeigen sie keine Schädigung des Fasermaterials.

2. Natürliche Eiweißfaserstoffe
Auf Wolle wirken konzentrierte und verdünnte Säuren nicht schädigend. Naturseide ist gegenüber verdünnten Säuren ebenfalls beständig, eine Behandlung verleiht ihr sogar höheren Glanz.
Gegenüber konzentrierten Säuren ist die Naturseide weniger beständig als Wolle (unterschiedliche chemische Struktur).

3. Synthetische Faserstoffe
Polyvinylchlorid (PVC) ist gegenüber Säuren unempfindlich, deshalb wird es auch für Säureschutzkleidung verwendet. Polyamid (PA) wird von sehr schwachen Säuren nicht angegriffen, bei starken Säuren erfolgt eine Faserschädigung. Polyacrylnitril (PAN) und Polyester (PE) sind gegenüber den genannten Säuren unempfindlich. Konzentrierte $HCOOH$ oder CH_3COOH wirken gegenüber Polyamid 6 oder 6,6 als organische Lösungsmittel. Mit abnehmender Stärke, Konzentration und Temperatur sinkt die Schädigungsgefahr.

2.4. Wichtige Basen für die Textilveredlung

Natronlauge NaOH

Rel. Molmasse: 40
Wertigkeit: 1wertig
Stärke: starke Base

Handelsübliche Konzentration: 38%ig und im festen Zustand in Form von Ätznatron in einer Konzentration von 95...98%

Ätznatron ist sehr hygroskopisch und auf der Haut äußerst ätzend, da es eine starke Base ist.

Ⓐ Vorsicht beim Umgang mit Ätznatron sowie konzentrierter Natronlauge (Schutzbrille!)!

Nachweise:

1. $2NaOH + MgCl_2 \rightarrow Mg(OH)_2\downarrow + 2NaCl$ weißer Niederschlag
2. $2NaOH + FeSO_4 \rightarrow Fe(OH)_2\downarrow + Na_2SO_4$ grüner Niederschlag

V *Einsatz in der Textilveredlung*

1. Mercerisieren von Baumwolle
2. Alkalisches Abkochen von Baumwolle
3. Kreppen von Baumwolle
4. Laugieren von Viskoseseide
5. Zur reduktiven Nachbehandlung von Polyesterfaserstoffen nach Färbung und Druck unter gleichzeitigem Zusatz von Natriumdithionit (Natriumhydrosulfit) $Na_2S_2O_4$

6. Lösen von Küpenfarbstoffen mit $Na_2S_2O_4$
7. Lösen von Naphthol-AS-Grundierungen
8. Alkalisieren von Geweben aus PE-F zwecks Abschälen ihrer Oberfläche. Danach erhält man einen seidigen Glanz und Griff.

Kalilauge KOH

Rel. Molmasse: 56
Wertigkeit: 1wertig
Stärke: starke Base (stärker als NaOH)

Handelsübliche Konzentration: etwa 35%ig und im festen Zustand in Form von Ätzkali

Ätzkali ist hygroskopisch und auf der Haut noch stärker ätzend als Natronlauge!

Vorsicht bei jedem Umgang mit Ätzkali und Kalilauge irgendwelcher Konzentration (Schutzbrille!)!

Einsatz in der Textilveredlung

Kalilauge wird nur zum Mercerisieren von Baumwoll-Mischgeweben eingesetzt, so z. B. von Bw/VI-F, da sie schonender ist als Natronlauge. Ansonsten wird in der Textilveredlung immer häufiger auf Natronlauge zurückgegriffen.

Vorsicht beim Umgang mit Basen! Sie wirken in konzentrierter Form sehr ätzend auf die Haut. Stets beim Lösen von Ätznatron oder Ätzkali sowie beim Verdünnen konzentrierter Basen Schutzbrille, Gummihandschuhe und Gummischürze tragen!

Ammoniumhydroxid NH_4OH

Strukturformel: $\left[\begin{array}{ccc} & H & \\ & | & \\ H- & N| & H \\ & | & \\ & H & \end{array}\right]^+ OH^-$

Rel. Molmasse: 35
Wertigkeit: 1wertig
Stärke: sehr schwache Base

Handelsübliche Konzentration: 25%ig

Besonderheiten

Ammoniumhydroxid bildet unter den Basen eine Ausnahme, weil vor der Hydroxylgruppe kein Metallatom steht, sondern eine NH_4-Gruppe (Ammoniumgruppe).
Der größte Teil des Ammoniaks ist nur physikalisch in Wasser gelöst. Das in der folgenden Gleichung formulierte Gleichgewicht liegt also weit auf der linken Seite.

$\overline{N}H_3 + H^+OH^- \rightleftharpoons NH_4^+OH^-$

Nachweis

1. Mit Kupfersulfat ($CuSO_4$) durch Bildung einer Komplexverbindung.

   $CuSO_4 \rightleftharpoons Cu^{2+} + SO_4^{2-}$

   $Cu^{2+} + 4NH_3 \rightarrow [Cu(NH_3)_4]^{2+}SO_4^{2-}$

   Farbumschlag:
   hellblau → dunkelblau

2. Kleinste Mengen von NH_3 oder NH_4OH können mit *Neßlers Reagens* (Gemisch aus $K_2[HgI_4]$ und NaOH) nachgewiesen werden. Ein gelbbrauner Niederschlag entsteht.

   Anmerkung:
   Darstellung von *Neßlers* Reagens:

   $HgCl_2 + 2KI \rightarrow HgI_2 + 2KCl$

   $HgI_2 + 2KI \rightarrow K_2[HgI_4]$

   Kaliumtetraiodomercurat

V *Einsatz in der Textilveredlung*

Ammoniumhydroxid wird für das

1. Bleichen von Wolle (Wasserstoffperoxidbleiche) verwendet.
   Das Bleichen der Wolle wird in schwach alkalischem Medium durchgeführt, um die Wirkung von H_2O_2 zu erhöhen. Die alkalische Einstellung kann mit NH_4OH erfolgen.
2. Waschen von Wolle
   Das Waschen von Wolle und wollhaltigen Textilerzeugnissen geschieht durch eine Behandlung mit Waschmitteln unter Zusatz von wenig Alkali (NH_4OH).
3. Neutralisationsvorgänge in der Textilveredlung
4. Mercerisieren, in flüssigem, auf $-33\,°C$ abgekühltem Ammoniak NH_3, wobei von diesem etwa 90% zurückgewonnen werden können.

2.5. Wirkung von Basen auf textile Faserstoffe

1. Cellulosefaserstoffe

Auf Cellulosefaserstoffe wirken konzentrierte und verdünnte Basen nicht schädigend (vgl. Einsatz in der Textilveredlung von Basen).

2. Eiweißfaserstoffe

Auf Wolle und Naturseide wirken konzentrierte Basen sehr schädigend. Mit abnehmender Stärke und Konzentration der Base nimmt die Schädigungsgefahr ab.
Eine große Rolle bei der Behandlung dieser Faserstoffe spielt die Temperatur. Zum Beispiel ist die höchstzulässige Wasch- oder Bleichtemperatur von Wolle mit Ammoniumhydroxid NH_4OH 50...55 °C.
Die Naturseide ist aufgrund des fehlenden Schwefels in ihrer Molekularstruktur etwas beständiger gegen Basen als Wolle (Cystin-Bindungen).

3. Synthetische Faserstoffe

Polyvinylchlorid (PVC) ist gegenüber Basen sehr beständig, ebenso Polyamid PA-Faserstoffe.
Polyacrylnitril-(PAN-) Faserstoffe sind empfindlich gegen Basen. Starke Alkalien lösen den Faserstoff auf. Bei zunehmender Temperatur vergilbt der Faserstoff. Das ist ein irreversibler Vorgang.
Polyester-(PE-) Faserstoffe zeigen gegenüber Basen in mittleren Konzentrationen eine gute Beständigkeit. Heiße Basen wirken jedoch stark schädigend auf den textilen Faserstoff.

Aufgaben

1. Wie definiert man eine Säure und eine Base und welche Rolle spielt dabei das Wasser als Ampholyt?
2. Geben Sie von folgenden Säuren und Basen die Dissoziationsgleichungen und ihre Wertigkeit an!
   Schwefelsäure H_2SO_4, Salpetersäure HNO_3, schweflige Säure H_2SO_3, Methansäure HCOOH (Ameisensäure), Phosphorsäure H_3PO_4, Natronlauge NaOH, Aluminiumhydroxid $Al(OH)_3$, Calciumhydroxid $Ca(OH)_2$ und Ammoniumhydroxid NH_4OH!
3. Welche Gemeinsamkeiten und Unterschiede bestehen zwischen anorganischen und organischen Säuren?
4. Wann spricht man von einer starken und wann von einer schwachen Säure oder Base?
5. Berechnen Sie von folgenden Normallösungen den Gehalt an 100%iger Substanz in $g \cdot l^{-1}$!
   2n HCl
   0,1n H_2SO_4
   0,3n CH_3COOH
   0,1n $(COOH)_2 \cdot 2H_2O$
   0,25n NaOH und
   n/10 $Ca(OH)_2$
   Entnehmen Sie dazu die relativen Atommassen aus dem Tafelwerk!
6. Begründen Sie an Hand der Tabelle 2, warum die Stärke von Alkansäuren mit steigender C-Zahl abnimmt!
7. Welche wichtigen Regeln müssen Sie in der Praxis beim Umgang mit Säuren und Basen beachten?
8. Nennen Sie je 2 Einsatzgebiete von
   Methansäure (Ameisensäure)
   Ethansäure (Essigsäure)
   Natronlauge und
   Ammoniumhydroxid in der Textilveredlung!
9. Welche chemischen Besonderheiten zeigt die Base Ammoniumhydroxid NH_4OH. Begründen Sie, daß sich gelbes Unitestpapier schon in der Nähe einer offen stehenden konzentrierten NH_4OH-Lösung blaugrün färbt, ohne daß es dabei in die Lösung selbst eingetaucht wird!

3. Salze

3.1. Chemische Besonderheiten

Im einfachsten Falle sind Salze Verbindungen, bei denen die Protonen einer Säure durch Metall- oder NH_4-Kationen ersetzt sind.
Dargestellt werden sie z. B. durch Einwirken von Säuren auf Basen. (Daneben gibt es noch weitere Darstellungsarten, die man in üblichen Lehrbüchern nachlesen kann.)
Diese Reaktion bezeichnet man als Neutralisation. Ihre Umkehrung stellt die Hydrolyse dar.

$$\text{Säure} + \text{Base} \underset{\text{Hydrolyse}}{\overset{\text{Neutralisation}}{\rightleftharpoons}} \text{Salz} + \text{Wasser}$$

Salze sind feste, meistens schwer flüchtige und hochschmelzende Verbindungen, die meist gut wasserlöslich sind und dabei mehr oder weniger stark in Metall- oder Ammonium-Kationen und Säurerestanionen dissoziieren. Man kann Salze auf folgende Weise einteilen:

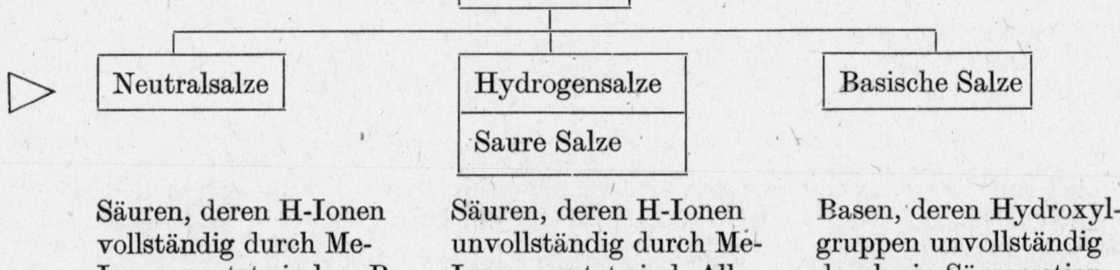

Neutralsalze	Hydrogensalze / Saure Salze	Basische Salze
Säuren, deren H-Ionen vollständig durch Me-Ionen ersetzt sind, z. B. Na_2SO_4, NaCl oder Na_2CO_3	Säuren, deren H-Ionen unvollständig durch Me-Ionen ersetzt sind. Alle sauren Salze werden als Hydrogensalze bezeichnet, z. B. $NaHSO_4$ oder $NaHCO_3$	Basen, deren Hydroxylgruppen unvollständig durch ein Säurerestion ersetzt sind. Man bezeichnet sie dadurch, daß man an den Namen des Metallatoms die Endung -yl anhängt, z. B. $Sb(OH)_2Cl$

Anmerkung

Die Bezeichnungen Neutralsalze, saure Salze oder basische Salze sagen nicht aus, daß diese Salze — in Wasser gelöst — neutral, sauer oder basisch reagierende Lösungen ergeben. Hierüber entscheidet das Verhalten bei der Hydrolyse.
Außerdem gibt es noch Salze als Verbindungen höherer Ordnung, die man als Komplexsalze bezeichnet. Hier sind um ein Ion (Zentralion) neutrale Moleküle oder/und Ionen gruppiert. Letztere sind sogenannte Liganden.
Die Anzahl der Liganden richtet sich nach der Koordinationszahl des Zentralions.
Bei den Komplexsalzen wird der Komplex in eckige Klammer geschrieben. Dieser kann sowohl als Kation wie auch als Anion vorliegen.

Fall 1: $[Cu(NH_3)_4]SO_4$
Tetramin-Kupfer(II)-sulfat

Der Komplex, zusammengesetzt aus dem Zentralion Cu^{2+} und den Liganden NH_3, fungiert als Kation (Nachweis für NH_3).

Fall 2: $K_3[Fe(CN)_6]$
Kaliumhexacyanoferrat (III) (rotes Blutlaugensalz)

[Der Komplex fungiert als Anion.]

Hydrolyse und Besonderheiten

Unter *Hydrolyse* (hydro = Wasser, lyse = Zersetzung/Zerlegung) versteht man die Reaktion von Salzen mit Wasser. So wird durch die Hydrolyse eine Zerlegung des Salzes in seine Bestandteile bewirkt, das bedeutet eine Spaltung in die entsprechende Säure und Base, aus denen es ursprünglich gebildet wurde (Umkehrung der Neutralisation).

M

$$\text{Salz} + \text{Wasser} \underset{\text{Neutralisation}}{\overset{\text{Hydrolyse}}{\rightleftarrows}} \text{Säure} + \text{Base}$$

Bekanntlich reagieren bestimmte Salze in wäßriger Lösung sauer, neutral oder basisch.
Diese Reaktionen sind immer von der Zusammensetzung des jeweiligen Salzes abhängig.

Betrachten Sie dazu einige Beispiele:

Natriumcarbonat Na_2CO_3 reagiert in wäßriger Lösung basisch.
Natriumchlorid NaCl reagiert in wäßriger Lösung neutral.
Aluminium(III)-chlorid $AlCl_3$ reagiert in wäßriger Lösung sauer.

(V)

Reaktionsgleichungen

(E)

1. $Na_2CO_3 + 2H_2O \rightleftharpoons H_2CO_3 + 2NaOH$
   H_2CO_3: schwache Säure; $NaOH$: starke Base
   Reaktion: basisch

2. $NaCl + H_2O \rightleftharpoons NaOH + HCl$
   $NaOH$: starke Base; HCl: starke Säure
   Reaktion: neutral

3. $AlCl_3 + 3H_3O \rightleftharpoons Al(OH)_3 + 3HCl$
   $Al(OH)_3$: schwache Base; HCl: starke Säure
   Reaktion: sauer

Aus diesen Beispielen kann man folgende Regeln ableiten:

M

1. Ist ein Salz aus einer schwachen Base und einer starken Säure zusammengesetzt, so reagiert dessen wäßrige Lösung *sauer*.
2. Ist ein Salz aus einer starken Base und einer schwachen Säure zusammengesetzt, so reagiert dessen wäßrige Lösung *basisch*.
3. Ist ein Salz aus einer Base und Säure gleicher Stärke zusammengesetzt, so reagiert es in wäßriger Lösung *neutral*.

Aus folgenden 4 Arbeitsschritten kann man sich ableiten, welche Reaktion ein Salz in wäßriger Lösung zeigt:

Arbeitsschritt 1	Aufstellung der Hydrolysegleichung
Arbeitsschritt 2	Bestimmung der Säure und Base, aus denen das Salz zusammengesetzt ist (Name und Formel)
Arbeitsschritt 3	Bestimmung der Stärke von Säure und Base
Arbeitsschritt 4	Entscheidung der Reaktion des Salzes in Wasser.

3.2. Wichtige Salze für die Textilveredlung

Natriumsulfat Na_2SO_4 oder $Na_2SO_4 \cdot 10\,H_2O$

Rel. Molmasse: 142 oder 322
Reaktion im Wasser: neutral
Natriumsulfat kommt in *kristallisierter* Form als $Na_2SO_4 \cdot 10\,H_2O$ (Glaubersalz) und *calcinierter* Form als Na_2SO_4 Duisburger Sulfat in den Handel.

V *Einsatz in der Textilveredlung*

Als Zusatzmittel beim Färben von Cellulosefaserstoffen mit substantiven Farbstoffen, Schwefelfarbstoffen, Küpenfarbstoffen, Reaktivfarbstoffen sowie beim Färben von Wolle mit Säurefarbstoffen und Reaktivfarbstoffen.

Natriumhydrogensulfat $NaHSO_4$

Rel. Molmasse: 120
Reaktion in Wasser: sauer mit gleichbleibendem *p*H-Wert

V *Einsatz in der Textilveredlung*

Als Zusatzmittel bei der einbadigen sauren Halbwollfärbung.

Sauer reagierende Ammoniumsalze

Typen

NH_4Cl	Ammoniumchlorid
$(NH_4)_2SO_4$	Ammoniumsulfat
$HCOONH_4$	Ammoniumformiat (Ammoniummethanoat)
CH_3COONH_4	Ammoniumacetat (Ammoniummethanoat)

Diese Ammoniumsalze haben als Bestandteile das Ammoniumhydroxid (sehr schwache Base) und im Vergleich zu NH_4OH alle stärkere Säuren, wie H_2SO_4, HCl, $HCOOH$ oder CH_3COOH.

Hydrolyse und thermische Dissoziation

(E) $NH_4Cl + H_2O \rightleftharpoons HCl + NH_4OH$

Ammoniumhydroxid ist eine unbeständige Verbindung. Schließt sich nach der Hydrolyse ein Kochprozeß an, so entweicht aus dem Ammoniumhydroxid NH_4OH das Ammoniak NH_3.
Säure und Wasser bleiben im Bad zurück.
Diesen Zerfall chemischer Verbindungen bei Wärmezufuhr bezeichnet man als *thermische Dissoziation*.

(E) $NH_4OH \xrightarrow{\text{Kochprozeß}} NH_3\uparrow + H_2O$

Einsatz in der Textilveredlung

Der vielseitige Einsatz der Ammoniumsalze ergibt sich aus dem Vermögen, langsam Säure abzugeben. Solche Säurespender werden in der Textilveredlung häufig benötigt, um egale Färbungen oder Drucke zu erzielen. Es gilt der Grundsatz, je langsamer sich eine Säure bildet, um so gleichmäßiger kann ein Farbstoff auf textile Faserstoffe aufziehen und sich dort verteilen. Daraus ergibt sich folgende Verwendung dieser Salze:

1. Als Zusatzmittel beim Färben von Wolle und Polyamid mit schwach sauer ziehenden Säurefarbstoffen, 1:2-Metallkomplexfarbstoffen und Reaktivfarbstoffen
2. Als Katalysatoren bei Kunstharzeinlagerung in Cellulosefaserstoffen. Hier benötigt man Ammoniumsalze als Säurespender, damit die Kondensation vom Vorkondensat zum wasserunlöslichen Harz in den nichtkristallinen Bereichen des textilen Faserstoffes erfolgen kann.

Natriumcarbonat Na_2CO_3 (calc. Soda) oder $Na_2CO_3 \cdot 10\,H_2O$ (krist. Soda)

Rel. Molmasse: 106 oder 286
Reaktion in wäßriger Lösung: basisch

Besonderheiten

Natriumcarbonat kommt

1. in calzinierter Form als weißes, wasserfreies Pulver Na_2CO_3 calc.,
2. als Kristallsoda ($Na_2CO_3 \cdot 10\,H_2O$) in farblosen Kristallen vor.

Einsatzgebiete in der Textilveredlung

V

1. Färben von Cellulosefaserstoffen mit substantiven Farbstoffen
   Soda wird dem Färbebad zugesetzt. Dadurch wird ein gleichmäßiges Aufziehen des Farbstoffes auf den Faserstoff bewirkt. Soda wirkt hier als Quellmittel für den Faserstoff.
2. Färben von Cellulosefaserstoffen mit Schwefelfarbstoffen
3. Als Zusatzmittel zur Färbeflotte oder Druckpaste beim Färben oder Drucken von Cellulosefaserstoffen mit Reaktivfarbstoffen
   Soda bewirkt durch seine basische Reaktion, daß der Farbstoff zwecks Bindung mit dem Faserstoff in die reaktionsfähige Form gebracht wird.
4. Waschen von Cellulosefaserstoffen
   Als Zusatzmittel zur Waschflotte begünstigt Soda die statische Abstoßung der Schmutzteilchen

Alkalitätsbestimmungen von Waschflotten

Da diese Untersuchungsmethoden speziell für den Textilreiniger von Interesse sind, sollen sie in einer folgenden Übersicht wiedergegeben werden.

1. Gesamtalkalität

Bezugsgröße: Natriumcarbonat (Soda) Na_2CO_3

Durchführung der Bestimmung

10 ml Waschflotte werden mit 2 bis 3 Tropfen Methylorange versetzt und mit 0,1n HCl von Gelb auf Zwiebelfarbe titriert.
Verbrauchte ml 0,1n HCl $\cdot$ 0,53 $\triangleq$ g $\cdot$ l^{-1} Gesamtalkali bezogen auf Soda Na_2CO_3.
Merke! Die Gesamtalkalität darf nicht $>$ 4 g $\cdot$ l^{-1} betragen (ASMW-Erfurt).

2. Ätzalkalität

Bezugsgröße: freies Alkali in Form von NaOH oder KOH

Durchführung der Bestimmung

10 ml Waschflotte werden zunächst 5 ml einer 10%igen Bariumchloridlösung $BaCl_2$ zugegeben. Damit werden erst einmal alle Alkalien mit Ausnahme des freien Ätzalkalis nach folgender Gleichung ausgefällt:

$$BaCl_2 + Na_2CO_3 \rightarrow 2\,NaCl + BaCO_3\downarrow$$

Daraufhin versetzt man die gleiche Lösung mit 2 Tropfen Phenolphthalein und titriert mit 0,1n HCl von Rotviolett auf farblos.
Verbrauchte ml 0,1n HCl · 0,4 $\triangleq$ g · l^{-1} Ätzalkali (bezogen auf Ätznatron).

3. Sodaalkalität neben Ätzalkalität

Durchführung der Bestimmung

10 ml Waschflotte werden mit 2 Tropfen Phenolphthalein versetzt und mit 0,1n HCl von Rotviolett auf farblos titriert (P-Wert).
Derselben Lösung gibt man sodann 2 bis 3 Tropfen Methylorange zu und titriert weiter mit 0,1n HCl von Gelb auf Zwiebelfarbe (M-Wert).

Berechnung

2 M · 0,53 $\triangleq$ g · l^{-1} Sodaalkalität bezogen auf Na_2CO_3
(P — M) · 0,4 $\triangleq$ g · l^{-1} Ätzalkalität bezogen auf NaOH
Wird die Differenz P — M negativ, ist eindeutig nachgewiesen, daß sich in der Waschflotte kein Ätzalkali befindet.
Die Berechnung der einzelnen Faktoren erfolgt analog wie die bei der Carbonathärtebestimmung.
Zu beachten ist allerdings, daß beim Waschen kein Ätzalkali in Form von NaOH oder KOH zugesetzt werden darf, da sonst die Gefahr einer Faserschädigung naheliegt. Vor allem, wenn in der Nähe des Kochpunktes gewaschen wird. Sollten irgendwelche waschaktiven Substanzen, wie z. B. Seife oder auch Textilchemikalien, der Hydrolyse unterworfen sein und alkalisch reagieren, so ist das hierbei freiwerdende Alkali stets durch die dazugehörige Säure abgepuffert, da jede Hydrolyse einen chemischen Gleichgewichtsvorgang darstellt. Die am häufigsten durchgeführte Analyse ist deshalb die Bestimmung der Gesamtalkalität.

Trinatriumphosphat $Na_3PO_4 \cdot xH_2O$ (Möglichkeit für x Werte: 1, 2, 6, 8 und 10)

Rel. Molmasse: 164...380
Trinatriumphosphat reagiert in wäßriger Lösung basisch, denn es ist aus einer starken Base und relativ schwachen Säure zusammengesetzt.

$$Na_3PO_4 + 3\,H_2O \rightleftharpoons H_3PO_4 + 3\,NaOH \quad (pH = 11)$$

$$Na_3PO_4 + H_2O \rightleftharpoons Na_2HPO_4 + NaOH$$

$$Na_2HPO_4 + H_2O \rightleftharpoons NaH_2PO_4 + NaOH$$

$$NaH_2PO_4 + H_2O \rightleftharpoons H_3PO_4 + NaOH$$

V *Einsatz in der Textilveredlung*

1. Zum Enthärten von Kesselspeisewasser. Das danach benannte Trinatriumphosphatverfahren ist ökonomisch aufwendig und wird deshalb nur begrenzt angewendet. Bei diesem Verfahren werden die Härtebildner als Calcium- oder Magnesiumphosphat ausgefällt.

2. Als Zusatzmittel beim Waschen von Synthesefaserstoffen
3. Als Zusatzmittel beim Färben oder Bedrucken textiler Faserstoffe mit Reaktivfarbstoffen, um den Farbstoff in die reaktionsfähige Form zu bringen.

Natriumsulfid Na_2S ($\cdot 9H_2O$)

Rel. Molmasse: 78 (240)
Reaktion in Wasser: alkalisch
Natriumsulfid Na_2S ist aus der schwachen Säure Schwefelwasserstoff H_2S und der starken Base NaOH zusammengesetzt.

$$Na_2S + 2H_2O \rightleftharpoons H_2S + 2NaOH$$

$$Na_2S + H_2O \rightleftharpoons NaHS + NaOH$$

$$NaHS + H_2O \rightleftharpoons NaOH + H_2S$$

V

Einsatz in der Textilveredlung

Natriumsulfid Na_2S wird in der Färberei zum Lösen von Schwefelfarbstoffen eingesetzt, wobei dieses Salz gleichzeitig auch als Reduktionsmittel für den Farbstoff wirksam wird.
Das Natriumsulfid reagiert nach folgenden Gleichungen:

Ⓔ

1. $Na_2S + H_2O \rightleftharpoons NaOH + NaHS$
   (Na-Hydrogensulfid)
2. $2NaHS \rightarrow Na_2S_2 + 2H$
   (Na-Disulfid)

Natriumacetat (Natriummethanoat) CH_3COONa ($\cdot 3H_2O$)

Rel. Molmasse: 82 (118)
Reaktion in Wasser: alkalisch
Natriumacetat (Natriumethanoat) ist das Na-Salz der schwachen Ethansäure (Essigsäure) und reagiert in wäßriger Lösung alkalisch.

$$CH_3COONa + H_2O \rightleftharpoons CH_3COOH + NaOH$$

V

Einsatz in der Textilveredlung

Natriumacetat wird in der Textilveredlung hauptsächlich für Neutralisationsvorgänge eingesetzt. Durch Zusatz von Na-Acetat CH_3COONa können saure Lösungen neutral gestellt bzw. neutralisiert werden, ohne daß zur Neutralisation selbst Basen benötigt werden (Pufferwirkung). Das bedeutet, daß zur Beseitigung von Säure in textilen Faserstoffen keine längeren Spülvorgänge benötigt werden:

$$H_2SO_4 + 2CH_3COONa \rightarrow Na_2SO_4 + 2CH_3COOH$$

Ⓔ

Aufgaben

1. Was versteht man unter Salzen und wie erfolgt ihre Einteilung?
2. Welche Salzbildungsarten außer der Neutralisation sind Ihnen noch bekannt?
3. Vervollständigen Sie die rechte Seite folgender Gleichungen nach der Salzbildungsart Neutralisation und geben Sie dabei die Namen und die Art des ent-

standenen Salzes an (Neutralsalz, Hydrogensalz oder basisches Salz)! Begründen Sie dazu Ihre Ausführungen!

$2HCl + Ca(OH)_2 \rightarrow$, $H_2SO_4 + 2NaOH \rightarrow$, $HCl + Sn(OH)_2 \rightarrow$,

$HCOOH + KOH \rightarrow$, $CH_3COOH + NaOH \rightarrow$, $H_2SO_4 + Ca(OH)_2 \rightarrow$

4. Legen Sie nach den Ihnen bekannten vier Arbeitsschritten die Reaktion folgender Salze in Wasser fest:
   Kupfersulfat $CuSO_4$, Natriumsulfid Na_2S, Natriumcarbonat Na_2SO_3, Ammoniumsulfat $(NH_4)SO_4$ und Natriumacetat CH_3COONa!
5. Geben Sie die Zerlegung von Ammoniumchlorid durch Wasser durch eine Gleichung an und erklären Sie hierbei den Begriff der thermischen Dissoziation!
6. Warum ist es günstiger, bei einer schwachsauren Wollfärbung ein sauer reagierendes Ammoniumsalz statt Essigsäure einzusetzen?
7. Für welche Textilveredlungsprozesse werden bei Ihnen im Betrieb Salze benötigt? Beschreiben Sie eine Ihnen bekannte Technologie!

4. Der pH-Wert

4.1. Ableitung und Begriff

In der Textilveredlung und Textilreinigung ist es unbedingt notwendig zu wissen, wie stark sauer oder basisch die verwendeten Lösungen oder auch Flotten sind. Als Maßzahl dafür dient der *p*H-Wert.
Um ihn zu erhalten, wendet man das Massenwirkungsgesetz auf die elektrolytische Dissoziation des Wassers nach der Gleichung

$$H_2O \rightleftharpoons H^+ + OH^-$$

an und sagt

$$K_{H_2O} = \frac{[H^+] \cdot [OH^-]}{[H_2O]}$$

Bei 25 °C hat K_{H_2O} – die Dissoziationskonstante des Wassers – den außerordentlich kleinen Wert von $1{,}8 \cdot 10^{-16}$. Wegen dieser sehr geringen Dissoziation ist die molare Konzentration des Wassers praktisch gleich der Gesamtkonzentration an Wasser, d. h., gleich

$$997 : 18 = 55{,}3 \text{ mol l}^{-1}$$

997 entspricht der Masse von 1 l Wasser bei 25 °C in Gramm. 18 entspricht der relativen Molmasse des Wassers. (In verdünnten Lösungen enthält ein Liter Lösung zwar etwas weniger als 997 g Wasser, begeht aber trotzdem keinen Fehler, wenn man mit $55{,}3 \text{ mol} \cdot \text{l}^{-1}$ rechnet. Man vereinigt deshalb diese praktisch konstante Größe mit der Dissoziationskonstante und erhält

$$\boxed{K_{H_2O} = \frac{[H^+] \cdot [OH^-]}{[H_2O]} = 1{,}8 \cdot 10^{-16}}$$

$$\boxed{K_{H_2O} \cdot [H_2O] = 1{,}8 \cdot 10^{-16} \cdot 55{,}3 = [H^+]\,[OH^-] = 10^{-14}}$$

Man erhält also durch Multiplikation von 2 Konstanten eine neue Konstante mit einem Zahlenwert von 10^{-14}, die man als das *Ionenprodukt des Wassers* bezeichnet.
Stört man das obige Gleichgewicht der elektrolytischen Dissoziation des Wassers durch Zugabe von H^+- oder OH^--Ionen, so vereinigen sich solange H^+-Ionen mit OH^--Ionen zu undissoziiertem Wasser, bis das Ionenprodukt des Wassers wieder seinen Wert von 10^{-14} erreicht hat.
Während im destillierten Wasser für die molaren Konzentrationen von H^+- und OH^--Ionen aufgrund der Dissoziationsgleichung

$$[H^+] = [OH^-] = 10^{-7}$$

gilt und sich das Ionenprodukt zu

$$[H^+] \cdot [OH^-] = 10^{-14}$$

ergibt, ist bei Zugabe von H^+- oder OH^--Ionen deren Konzentration nicht mehr jeweils gleich 10^{-7}, sondern voneinander verschieden. Das Ionenprodukt hat aber unverändert seinen Wert von 10^{-14}. Es gilt deshalb

$$[H^+] = \frac{10^{-14}}{[OH^-]} \quad \text{und} \quad [OH^-] = \frac{10^{-14}}{[H^+]}$$

M Das Produkt aus der molaren Konzentration der H-Ionen und der OH-Ionen ist bei allen Reaktionen in wäßrigen Lösungen konstant und gleich 10^{-14}. Es genügt somit, die molare Konzentration von H^+-Ionen anzugeben, um zu wissen, wie sauer oder basisch eine Lösung ist.
Im neutralen Wasser beträgt sie 10^{-7}, in saurer Lösung $> 10^{-7}$, in basischer $< 10^{-7}$.
Man hat sich da für die Angabe der molaren Konzentration $[H^+]$ der H^+-Ionen entschieden und bezeichnet ihren *negativen, dekadischen Logarithmus* als *p*H-*Wert*.

M Der *p*H-Wert ist eine Zahl zur Kennzeichnung der Wasserstoffionenkonzentration einer Lösung und damit der Stärke einer Säure oder einer Base. Der *p*H-Wert ist der negative dekadische Logarithmus der molaren Wasserstoffionenkonzentration.

$$pH = -\log [H^+] = \frac{1}{\log [H^+]}$$

Man erhält somit eine *p*H-Wert-Skale mit 14 Stufen.

4.2. Einteilung in Meßstufen

Der *p*H-Wert wird in 14 Stufen eingeteilt

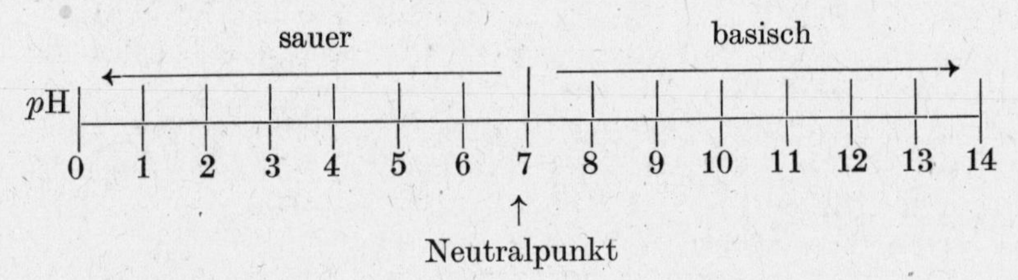

Dabei bedeuten:

*p*H-Wert	Reaktion
0	stärkste Säure
$> 0 \ldots 3{,}8$	stark sauer
$> 3{,}8 \ldots < 7{,}0$	schwach sauer
7,0	Neutralpunkt
$> 7 \ldots 8{,}5$	schwach basisch
$> 8{,}5 \ldots < 14$	stark basisch
14,0	stärkste Base

Wegen der praktisch vollständigen Dissoziation starker Säuren wie HCl oder Laugen wie NaOH kann man in verdünnter Lösung deren molare Gesamtkonzentration gleichsetzen mit $[H^+]$ bzw. $[OH^-]$ und den *p*H-Wert der Lösungen sofort angeben. Auf diese Weise kann man die folgende Tabelle herleiten und verstehen (Tabelle 4).

Tabelle 4. *p*H-Werte verschiedener Lösungen

Lösung	$[H^+]$	$[OH^-]$	*p*H-Wert
0,1n HCl	10^{-1}	10^{-13}	1
H_2O	10^{-7}	10^{-7}	7
0,1n NaOH	10^{-13}	10^{-1}	13
1n NaOH	10^{-14}	$10^0 = 1$	14

4.3. Messung des *p*H-Wertes

Für die Messung des *p*H-Wertes gibt es zwei prinzipielle Möglichkeiten, die beide in der textilchemischen Praxis angewendet werden. Es ist die Messung mit Indikatoren sowie die elektrische *p*H-Wert-Messung.

*p*H-*Wert-Messung mit Indikatoren*

Den *p*H-Wert einer Lösung kann man durch Farbänderung von Indikatoren feststellen. Als Indikatoren bezeichnet man hierbei Farbstoffe (Farbindikatoren), die durch Säuren oder Basen chemisch verändert werden und dann eine andere Farbe annehmen. Die Färbung der Indikatoren ist also von der Wasserstoffionenkonzentration abhängig. Den Farbwechsel bezeichnet man als *Umschlagpunkt.*
Wichtige Indikatoren sind z. B. Lackmus, Methylorange, Phenolphthalein, Kongorot, Methylrot.

Unter Indikatoren versteht man Farbstoffe, die bei einer bestimmten H-Ionenkonzentration bzw. einem bestimmten *p*H-Wert ihre Farbe ändern.
Diese Farbänderung bezeichnet man als Umschlagspunkt, wobei jeder Indikator einen ganz bestimmten Umschlagsbereich aufweist (Tabelle 5).

Tabelle 5. Indikatoren und Umschlagbereiche

Indikator	Saurer Bereich	Basischer Bereich	Umschlagbereich *p*H
Methylorange	rot	orangegelb	3,1 ... 4,4
Kongorot	blau	rot	3,0 ... 5,2
Methylrot	rot	gelb	4,4 ... 6,2
Lackmus	rot	blau	5,0 ... 8,0
Phenolphthalein	farblos	rotviolett	8,0 ... 10,0

Zur Ermittlung von *p*H-Werten kann man auch Universalindikatoren benutzen, die aus einem Gemisch mehrerer Einzelindikatoren mit unterschiedlichem Umschlagsbereich und unterschiedlicher Farbänderung bestehen. Sie geben durch Vergleich mit einer Standardfärbung den *p*H-Wert einer Lösung direkt an. Unitestpapier ist ein *p*H-Universalindikator.

Eine folgende Skala soll Ihnen die Farbveränderung dieses Indikators bei verschiedenen H-Ionenkonzentrationen darlegen.

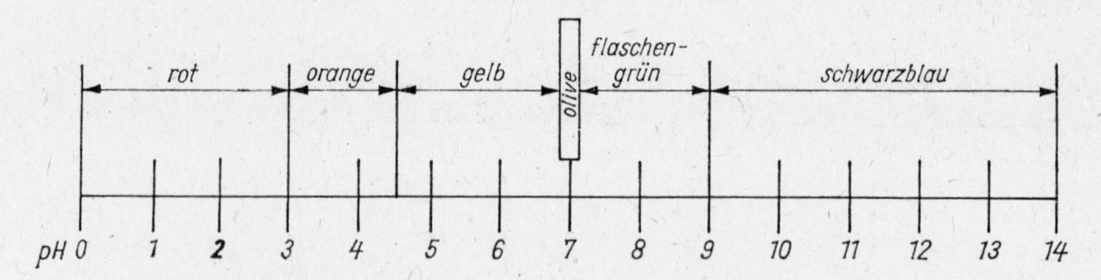

Zur Untersuchung des *p*H-Wertes taucht man Indikatorenpapierstreifen in die zu prüfende Lösung, vergleicht die entstandene Färbung mit der Vergleichsfarbskala und liest den *p*H-Wert ab. Es gibt auch noch sehr genau arbeitende *p*H-Indikatorpapiere, mit denen man einen *p*H-Wert mit einer Stelle nach dem Komma exakt ablesen kann (Stuphanpapier). Diese Stuphanpapiere (VEB Feinchemie Sebnitz) zeigen eine Ablesegenauigkeit bis zu 0,3 *p*H-Einheiten an.
Bei diesen Indikatoren geht man bei der Messung so vor, daß man mittels eines Glasstabes einen Tropfen der zu untersuchenden Lösung oder Flotte auf die Indikatorenstelle aufträgt, die Farbänderung mit den drei oberen und unteren Farben vergleicht und danach den *p*H-Wert ermittelt.

M Vor jeder Feinmessung ist jedoch eine Grobmessung mit Unitest-Indikator vorzunehmen!
Neben solchen Universalindikatorenpapieren werden außerdem noch Indikatorenösungen a ngewendet. Auch sie stellen Indikatorengemische dar.
Ein Indikator, zusammengesetzt aus

0,1 g Bromthymolblau
0,1 g Methylrot
0,1 g β-Naphtholphthalein
0,1 g Thymolphthalein und
0,1 g Phenolphthalein, gelöst in 500 ml Ethanol,

ergibt bei den angegebenen *p*H-Werten folgende Färbungen:

*p*H 4 = rot *p*H 5 = orange *p*H 6 = gelb *p*H 7 = grüngelb *p*H 8 = grün *p*H 9 = blaugrün *p*H 10 = blauviolett und bei einem *p*H 11 = rotviolett

Erkenntnis zu Tabelle 6 und 7:

Der *p*H-Wert einer Substanzlösung ist nicht nur von der Konzentration, sondern auch von der Temperatur abhängig.

Die elektrische pH-*Wert-Messung*

Für genaue *p*H-Wert-Messungen bedient man sich elektrochemischer Meßmethoden, indem man die *elektromotorische Kraft* (EMK) einer geeigneten elektrochemischen Kette bestimmt.
Praktisch verfährt man dabei so, daß man gegen eine Bezugselektrode von konstantem Potential (meistens verwendet man heute sogenannte *Kalomelelektroden*) eine sogenannte *Glaselektrode* schaltet, die in eine zu untersuchende Lösung unbekannten *p*H-Wertes eintaucht. Die Ableitungen beider Elektroden führen dann zu einem geeigneten Meßinstrument hoher Empfindlichkeit, an dem man den *p*H-Wert meistens direkt ablesen kann.

Tabelle 6. *p*H-Werte von Normallösungen bei 25 °C (alphabetisch geordnet)

Maßlösung	Name der Substanz	Formel	*p*H-Wert
0,1n	Kaliumaluminiumsulfat (Alaun)	$KAl(SO_4)_3$	3,2
0,1n	Ammoniumhydroxid	NH_4OH	11,3
0,1n	Natriumtetraborat (Borax)	$Na_2B_4O_7$	9,2
0,1n	Borsäure	H_3BO_4	5,2
1n	Chlorwasserstoff	HCl	0
0,1n	Chlorwasserstoff	HCl	1,0
0,01n	Chlorwasserstoff	HCl	2,0
0,001n	Chlorwasserstoff	HCl	3,0
0,1n	Essigsäure	CH_3COOH	2,9
0,1n	Kohlensäure	H_2CO_3	3,8
0,1n	Natriumhydrogencarbonat	$NaHCO_3$	8,4
1n	Natriumhydroxid	NaOH	14,0
0,1n	Natriumhydroxid	NaOH	13,0
0,01n	Natriumhydroxid	NaOH	12,0
0,1n	Natriumcarbonat	Na_2CO_3	11,6
0,1n	Phosphorsäure	H_3PO_4	1,5
0,1n	Schwefelsäure	H_2SO_4	1,2
0,1n	Trinatriumphosphat	Na_3PO_4	11,0

Tabelle 7. *p*H-Werte des Wassers bei verschiedenen Temperaturen

Temperatur in °C	H-Ionenkonzentration in $mol \cdot l^{-1}$	*p*H
0	$0,3 \cdot 10^{-7}$	7,55
18	$0,8 \cdot 10^{-7}$	7,11
25	$1,0 \cdot 10^{-7}$	7,00
34	$1,45 \cdot 10^{-7}$	6,84
50	$2,3 \cdot 10^{-7}$	6,64

4.4. Pufferlösungen

Wenn man textilchemische Reaktionen in einem engen *p*H-Wert-Bereich durchführen muß, um zum Beispiel Faserschädigungen oder andere, bei starkem *p*H-Wert-Wechsel abzusehende Schädigungen zu vermeiden, arbeitet man zweckmäßig in *gepufferter Lösung*.

Unter Pufferlösungen versteht man solche Lösungen, deren *p*H-Wert sich beim Verdünnen oder bei Zugabe von H^+- oder OH^- nur unwesentlich ändert. Die Wirkung von Pufferlösungen beruht damit auf dem Abfangen der H^+ oder OH^--Ionen durch Bildung schwacher Säuren oder Basen.
Zum Abpuffern von H^+-Ionen und/oder OH^--Ionen Lösungen von schwachen Säuren und deren Salzen mit starken Basen (z. B. CH_3COOH/CH_3COONa) meist in äquimolarer Mischung oder auch anderen geeigneten Mengenverhältnissen. Das gleiche gilt auch für Mischungen schwacher Basen mit deren Salzen starker Säuren (z. B. NH_4OH/NH_4Cl).
Die Fähigkeit der genannten Systeme, H^+- und/oder OH^--Ionen abzupuffern, beruht z. B. auf folgenden Reaktionen:

$$CH_3COO^- + H^+ \rightleftharpoons CH_3COOH$$

$$CH_3COOH + OH^- \rightleftharpoons CH_3COO^- + H_2O$$

Sehr gut als Puffer eignen sich auch Lösungen von Mischungen aus

Natriumdihydrogenphosphat NaH_2PO_4/Dinatriumhydrogenphosphat Na_2HPO_4, Borsäure H_3BO_3/Natriumperborat $Na_2B_4O_7$ und Citronensäure/Natriumcitrat.

Aufgaben

1. Nennen Sie mindestens 4 Textilveredlungstechnologien, bei denen die *p*H-Wert-Messung eine wichtige Rolle spielt! Begründen Sie dazu Ihre Ausführungen!
2. Was drückt der *p*H-Wert mathematisch aus und wie ist er definiert?
3. Warum beträgt der *p*H-Wert von destilliertem Wasser bei 21 °C 7,00?
4. Die molare H-Ionenkonzentration $[H^+]$ beträgt $2{,}5 \cdot 10^{-5}$ mol · l^{-1}.
   Wie hoch ist die molare OH-Ionenkonzentration $[OH^-]$?
5. Die molare OH-Ionenkonzentration $[OH^-]$ beträgt $4{,}5 \cdot 10^{-11}$ mol · l^{-1}.
   Wie hoch ist die molare H-Ionenkonzentration $[H^+]$?
6. Die molare H-Ionenkonzentration $[H^+]$ beträgt $9{,}1 \cdot 10^{-3}$ mol · l^{-1}. Wie groß sind die molare OH^--Ionenkonzentration $[OH^-]$ und der *p*H-Wert?
7. Wie kann man den *p*H-Wert einer Lösung messen?
8. Was versteht man unter einem Indikator und welcher Unterschied besteht zwischen Umschlagpunkt und Umschlagbereich?
9. Bestimmung des *p*H-Wertes von Salzlösungen
   5 Reagenzgläser, Spatel, Unitestpapier, destilliertes Wasser, Natriumchlorid NaCl, Natriumcarbonat Na_2CO_3, Ammoniumsulfat $(NH_4)_2SO_4$, Trinatriumphosphat Na_3PO_4 und Natriumhydrogensulfat $NaHSO_4$.
   Je eine Spatelspitze der angegebenen Salze gebe man in je ein Reagenzglas, füge 3...4 ml destilliertes Wasser zu und schüttele, bis alle Salze gelöst sind!
   Durch Eintauchen von Unitestpapier in die Lösungen und Vergleich mit der entsprechenden Farbskala ist der *p*H-Wert zu bestimmen!
   Ordnen Sie anschließend die Salze nach neutraler, sauerer oder basischer Reaktion!
10. Die Konzentration der vorliegenden Salzlösungen ist 0,033 n. Die Salzlösungen wurden 1 h gekocht, der Anfangs- und End-*p*H-Wert abgelesen.

Salz	Formel	Anfangs-*p*H-Wert	End-*p*H-Wert	Δ*p*H-Wert
Ammoniumchlorid	NH_4Cl	5,8	5,3	
Ammoniumsulfat	$(NH_4)_2SO_4$	5,8	5,4	
Ammoniumformiat	$HCOONH_4$	6,0	5,1	
Ammoniumacetat	CH_3COONH_4	6,4	5,0	
Ammoniumoxalat	$(COONH_4)_2$	6,1	4,8	

   Untersuchen Sie die Ergebnisse des vorliegenden Versuches!
   a) Tragen Sie die Differenzen zwischen Anfang- und End-*p*H-Wert in der Tabelle unter Δ*p*H-Wert ein!
   b) Begründen Sie aus den Erkenntnissen über das Verhalten sauer reagierender Ammoniumsalze die jeweiligen *p*H-Wert-Änderungen!
11. Was verstehen Sie unter Pufferlösungen und welche Bedeutung haben diese für die Textilveredlung?

5. Wasser

5.1. Einführung

Das Wasser hat in Textilveredlungsbetrieben wie auch in anderen Industriebetrieben eine große Bedeutung, und zwar nicht nur hinsichtlich des für die Textilveredlung benötigten Betriebswassers, sondern auch im Hinblick auf das für den Kesselbetrieb erforderliche Speisewasser.
Für Textilveredlungs- und Textilreinigungsbetriebe werden drei Anforderungen an das Produktionswasser gestellt:

1. Das Wasser muß klar und farblos sein, d. h., es darf keinerlei sichtbare Störsubstanzen in Form von Sink- und Schwebestoffen enthalten.
2. Der Gehalt an Eisensalzen darf 0,1 $mg \cdot l^{-1}$, der Gehalt an Mangansalzen 0,05 $mg \cdot l^{-1}$ nicht überschreiten.
3. Das Wasser sollte möglichst keine Härtebildner enthalten. Der Wert der Gesamthärte sollte 5 °dH nicht überschreiten, die Carbonathärte soll 0,0 sein.

Im Wasser vorhandene freie oder auch aggressive Kohlensäure kann Korrosionsschäden an Leitungsrohren hervorrufen.

Wasserarten

Niederschlagswasser	Oberflächenwasser	Grundwasser
Reinstes, in der Natur vorkommendes Wasser. Enthält nur Bestandteile aus der Luft: gelöste Gase (O_2, N_2, CO_2), organischen und mineralischen Staub, Industrieabgase, radioaktive Stoffe (aus der Verbrennung fossiler Brennstoffe besonders Braunkohle)	Enthält folgende Verunreinigungen: Sink- und Schwebestoffe, Schlamm, Ton, organische Bestandteile von verwesenden Pflanzen und Tieren sowie Abfälle, freier oder gebundener Sauerstoff	Klar und sauber durch die Filtrationswirkung der Erdschichten. Es enthält gelöste Mineralien, wie z. B. NaCl, Fe- und Mn-Salze, Hydrogencarbonate des Ca und Mg, Sulfate und Chloride des Mg und Ca (letztere 3 Salze bewirken die Wasserhärte)

Störsubstanzen des Wassers

Sichtbare Störsubstanzen	Unsichtbare Störsubstanzen
Sink- und Schwebstoffe setzen sich während des Veredlungsprozesses auf der Ware ab. Beim Färben Beeinträchtigung brillanter Farbtöne, Verminderung des Weißgrades	Gelöste Substanzen in Form von Salzen (Fe- oder Mn-Salze) bilden beim Färben Flecken, zerstören das Bleichmittel, lösen beim Bleichen selbst eine Bleichkatalyse aus (Abgabe zusätzlichen Sauerstoffes) und bewirken eine Faserschädigung

Abwasserreinigung

Mechanische Reinigung	Chemische Reinigung	Biologische Reinigung
wird durchgeführt mittels Siebhaarfängern oder Filter, in Absatz- und Mischbecken	Cu-, Fe-, Mn- und Bi-Salze werden in Form von Hydrogencarbonaten mittels O_2 als Hydroxide ausgefällt (Lufteinblasung). Auch die Wasserenthärtung fällt unter die Wasserreinigung. Flockung durch Flockungsmittel, wie z. B. $Al_2(SO_4)_3$	Natürlich — künstlich. Bei beiden Verfahren werden Schmutzstoffe durch Bakterien zerstört. Dazu ist ebenfalls viel O_2 notwendig.

Die Bestandteile der Industrieabwässer sind äußerst verschiedenartig. Von organischen Verbindungen sind es besonders Mineralölprodukte, Phenolderivate, Gerbstoffe, Cellulose, Tenside und Farbstoffe, von anorganischen Verbindungen besonders Säuren, Basen, Salze und Oxidations- und Reduktionsmittel sowie radioaktive Stoffe. Für den Menschen und seine gesamte Umwelt sind die Abwassereinleitungsbedingungen gesetzlich geregelt, d. h., den Abwasserinhaltsstoffen liegen ganz bestimmte Grenzwerte zugrunde.
Diese Grenzwerte werden ständig kontrolliert, und bei Nichteinhaltung derselben wird dies mit einer bestimmten Höhe an Abwassergeld geahndet.
Im Rahmen des Umweltschutzes sollte man wichtige Komplexe aus dem Gesetzblatt über Abwasserreinigung kennen und auch beachten (Gesetzblatt Nr. 8, Teil II vom 22. 2. 1972). Weitere gesetzliche Bestimmungen zum Wassergesetz findet man im Gesetzblatt I, Nr. 26 Seite 467 bis 487 vom 2. 7. 1982. Die gesetzlichen Festlegungen über die Abwassereinleitungsbedingungen sind im Gesetzblatt I, Nr. 20 Seite 324 vom 14. 9. 1978 verankert.
Jede Abwasseraufbereitung sollte nach dem Grundsatz der Wertstoff- und Wasserrückgewinnung erfolgen. Die Wasserrückgewinnung ist äußerst ökonomisch, da (das Entnehmen) dabei Frischwasser eingespart werden kann.
Alle Betriebe sollten deshalb nach Möglichkeit ihre eigenen Abwässer selbst reinigen. Damit ist garantiert, daß sich das Betriebswasser von der Entnahme über die Nutzung bis zur Abwasserreinigung in einem steten Kreislauf befindet.
Der Verschmutzungsgrad des Abwassers steht in enger Beziehung zu dessen Gehalt an organischer Substanz. Der Verschmutzungsgrad wird durch Titration mit Kaliumpermanganat $KMnO_4$ ermittelt. Je höher dieser Wert ist, desto mehr ist das Abwasser verschmutzt.
Im Oberflächenwasser, in das das Abwasser eingeführt wird, kann dann keine biologische Selbstreinigung mehr erfolgen. Das heißt, es ist nicht mehr genügend Sauerstoff zur Oxidation der Schmutzstoffe vorhanden.
Der $KMnO_4$-Wert (CSB-Wert) für die Verschmutzung liegt bei etwa 20...100; 20...100 $mg \cdot l^{-1}$ soll der Sauerstoffbedarf in 5 Tagen betragen.
Maßnahmen für die Textilveredlung und Textilreinigung hinsichtlich der Einsparung von Wasser bestehen durch die Einführung wassersparender Technologien, wie zum Beispiel das Arbeiten in kurzen Flotten oder auf stehenden Bädern.
Auch die Wiederverwendung des Wassers von gebrauchten Spülbädern wird neuerdings in der Textilreinigung sehr häufig praktiziert.

Qualitätsmängel in der Textilveredlung durch hartes Wasser

Veredlungsprozeß		*Qualitätsmängel*
Färben/Drucken		Verminderung der Reibechtheiten, Fleckenbildung
Waschen/Färben/Drucken		harter und spröder Griff der Ware
Waschen		Abscheidung von unlöslicher Kalk- oder Magnesiumseife auf der Ware
Farbstofflösen	Härte-empfindlichkeit	Verminderung der Löslichkeit von Farbstoffen Verminderung der Reibechtheit, Farbtonänderung bei härteempfindlichen Farbstoffen, Verminderung der Lichtechtheit

Im textilchemischen Labor ist es erforderlich, chemisch reines Wasser, nämlich destilliertes Wasser, zu verwenden.

5.2. Wasserhärte und ihre Entstehung

Häufig wird die Frage gestellt, was hartes Wasser sei. Oft sagt man, daß der Kalk die Härte hervorruft. Entnimmt man aus einer Wasserleitung Wasser in ein Glas, so beobachtet man, daß dieses Wasser zunächst mehr oder weniger trüb erscheint und nach längerem Stehenlassen klar wird.
Der Stoff, der das Wasser trübt, kann aber wiederum kein Kalk sein, da das $CaCO_3$ in Wasser so gut wie unlöslich ist. Erst wenn das Wasser zum Sieden gebracht wird, bildet sich eine feine Kalkschicht am Rande des Glases. Demnach entsteht der Kalk beim Erhitzen von Wasser nach der Gleichung

$$Ca(HCO_3)_2 \xrightarrow{\text{Erhitzen}} CaCO_3\downarrow + CO_2\uparrow + H_2O$$

Calcium-hydrogen-carbonat (bewirkt beschriebene Trübung) — Calcium-carbonat

Mit diesem Vorgang wird schon ein Teil der Härtebildner, nämlich die Hydrogencarbonate des Calciums und Magnesiums, aus dem Wasser entfernt (temporäre Härte).
Der andere Teil der Härtebildner sind die Sulfate und Chloride des Calciums und Magnesiums, die durch einen Kochprozeß unverändert bleiben (permanente Härte).

z. B.: $CaSO_4 \xrightarrow{\text{Erhitzen}} CaSO_4$

Unter hartem Wasser versteht man Wasser mit einem hohen Gehalt an Hydrogencarbonaten, Sulfaten, Chloriden und anderen Salzen des Calciums und Magnesiums.
Bei der Entstehung der Wasserhärte dringt Regenwasser mit CO_2-Gehalt der Luft zunächst in den Erdboden ein und wandelt wasserunlösliche Carbonate (Salze der Kohlensäure) in wasserlösliche Hydrogencarbonate um.

Chemischer Vorgang

$$CaCO_3 + CO_2 + H_2O \rightarrow Ca(HCO_3)_2$$

Calciumhydrogencarbonat (wasserlöslich)

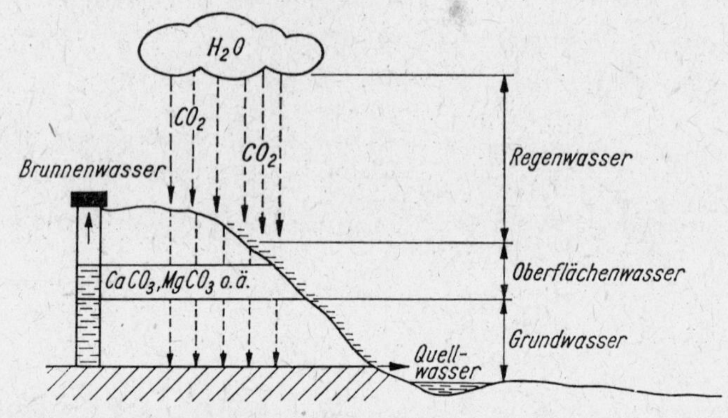

Bild 5/1. Entstehung der Härte

Eine natürliche Veränderung der Wasserhärte ergibt sich aus den jeweiligen Niederschlägen und der geologischen Lage des Ortes. Dieselben chemischen Vorgänge laufen ab für Magnesiumcarbonat $MgCO_3$ oder auch Eisencarbonat. In gleicher Weise kann auch Eisenkies FeS_2 in $Fe(HCO_3)_2$ umgewandelt werden:

$$FeS_2 + 2CO_2 + 2H_2O \rightarrow Fe(HCO_3)_2 + H_2S + S$$

Da das Wasser neben CO_2 auch O_2 enthält, ist es möglich, daß FeS_2 (Eisenkies) zu Eisensulfat oxidiert wird:

$$FeS_2 + 2O_2 \rightarrow FeSO_4 + S$$

Ganz ähnlich hierzu verhalten sich auch die Reaktionen der in der Erde vorhandenen Mangansalze.

5.3. Einteilung der Härtegrade

Die Angabe der Wasserhärte erfolgt immer in Härtegraden. Der Einteilung nach unterscheidet man drei verschiedene Arten von Härtegraden:

Grad deutscher Härte
Grad französischer Härte
Grad englischer Härte

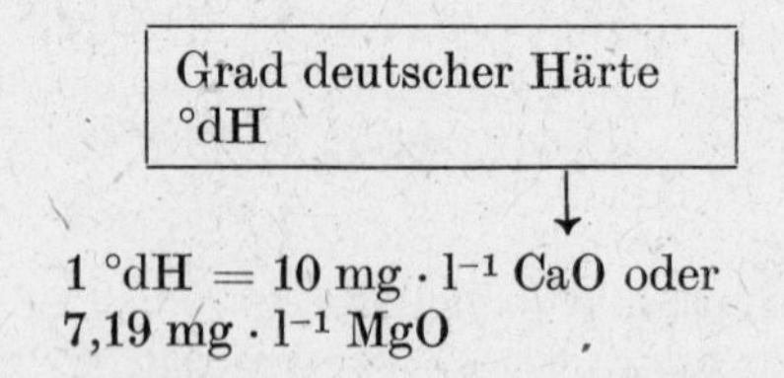

1 °dH = 10 mg · l^{-1} CaO oder
7,19 mg · l^{-1} MgO

Zur Berechnung der Wasserhärte wird in den meisten Fällen das Maß eines Grades deutscher Härte zu Hilfe genommen. Als Härtebildner bezeichnet man die beiden Oxide Calciumoxid (CaO) und Magnesiumoxid (MgO), gleichviel in welchen Verbindungen sie auftreten. Das Ergebnis für MgO in mg/l wird dabei auf Kalkhärte umgerechnet, indem man es mit 1,4 multipliziert.

$$\frac{MgO}{CaO} = \frac{40}{56} = \frac{1}{1,4}.$$

Hat man den Gehalt an CaO bzw. MgO im Verhältnis 1:1,4 gefunden, so braucht man diesen Wert nur durch 10 zu dividieren, um auf °dH zu kommen.

Ein Grad deutscher Härte (1° dH) sagt aus, daß sich in einem Liter Wasser umgerechnet 10 mg Calciumoxid (CaO) befinden.
Da es unterschiedlich hartes Wasser gibt, hat man diesem ganz bestimmte Härtegrade zugeordnet (Tabelle 8).

Tabelle 8. Wasserhärten

× °dH	Wasser	Vorzufinden im Raum
0...4	sehr weich	Karl-Marx-Stadt
4...8	weich	Zwickau
8...12	mittelhart	Dresden
12...18	ziemlich hart	Gera
18...30	hart	Jena
über 30	sehr hart	Würzburg

Aus der vorstehenden Tabelle ist ersichtlich, daß die Menge vorhandener Härtebildner von der Bodenzusammensetzung abhängt.
In neuerer Zeit zieht man es auch vor, den Gehalt an Erdalkalisalzen in mg Ca^{2+} bzw. Mg^{2+} je Liter anzugeben.

1 mg Ca^{2+} l^{-1} $\triangleq$ 1,4 mg CaO l^{-1} $\triangleq$ 0,14 °dH

1 mg Mg^{2+} l^{-1} $\triangleq$ 2,3 mg MgO l^{-1} $\triangleq$ 0,23 °dH

Außer in °dH kann die Härte auch in m mol · l^{-1} oder m val · l^{-1} angegeben werden. Hierbei gelten folgende Beziehungen:

1 °dH $\triangleq$ 0,357 m val · l^{-1} $\triangleq$ 0,1785 m mol · l^{-1} $\triangleq$ 10 mg · l^{-1} CaO

1 m mol · l^{-1} $\triangleq$ 5,6 °dH $\triangleq$ 2 m val · l^{-1} $\triangleq$ 56 mg · l^{-1} CaO

1 m val l^{-1} $\triangleq$ 2,8 °dH $\triangleq$ 0,5 m mol · l^{-1} $\triangleq$ 28 mg · l^{-1} CaO

1 °dH $\triangleq$ 7,14 mg · l^{-1} Ca^{2+} $\triangleq$ 4,35 mg · l^{-1} Mg^{2+}

1 m mol · l^{-1} $\triangleq$ 40 mg · l^{-1} Ca^{2+} $\triangleq$ 24,3 mg · l^{-1} Mg^{2+}

1 m val · l^{-1} $\triangleq$ 20 mg · l^{-1} Ca^{2+} $\triangleq$ 12,15 mg · l^{-1} Mg^{2+}

5.4. Härtearten und ihre Besonderheiten

Aus der Tatsache, daß hartes Wasser einen hohen Gehalt an Hydrogencarbonaten, Chloriden, Sulfaten und Spuren von Nitraten des Ca und Mg aufweist, lassen sich zwei Härtearten ableiten, aus denen die Gesamthärte zusammengesetzt ist; einmal diejenige Härte, die durch die Hydrogencarbonate hervorgerufen wird, zum anderen diejenige Härte, die durch die Sulfate, Chloride und auch Spuren von Nitraten entsteht.

Gesamthärte GH

Carbonathärte KH	Nichtcarbonathärte NKH
temporäre oder zeitweilige Härte	permanente oder bleibende Härte
Carbonathärtebildner	Nichtcarbonathärtebildner
$Ca(HCO_3)_2$ Calciumhydrogencarbonat	$CaCl_2$ Calciumchlorid
$Mg(HCO_3)_2$ Magnesiumhydrogencarbonat	$MgCl_2$ Magnesiumchlorid
	$CaSO_4$ Calciumsulfat
	$MgSO_4$ Magnesiumsulfat

1. Carbonathärte KH

Da beim Erhitzen diese Härtebildner ausfallen und dabei beseitigt werden, indem sie sich zu Carbonaten umsetzen, bilden sie nur eine zeitweilige oder temporäre Härte.

$$Ca(HCO_3)_2 \xrightarrow{\text{Erhitzen}} CaCO_3\downarrow + H_2O + CO_2\uparrow$$

Calciumhydrogencarbonat → Calciumcarbonat + Wasser + Kohlendioxid

$$Mg(HCO_3)_2 \xrightarrow{\text{Erhitzen}} MgCO_3\downarrow + H_2O + CO_2\uparrow$$

Magnesiumhydrogencarbonat → Magnesiumcarbonat + Wasser + Kohlendioxid

linke Seite
↓
Härtebildner
noch vorhanden

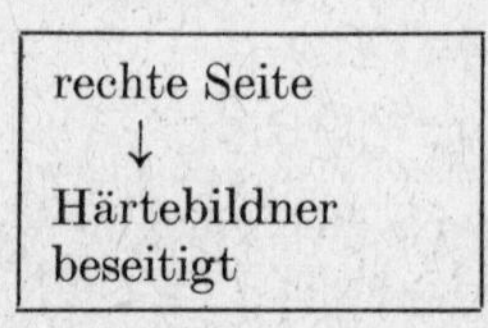

Mit diesen beiden Gleichungen haben Sie den umgekehrten Vorgang der Härteentstehung vorliegen.
Sie haben im Abschnitt 5.1. bereits gehört, daß unter anderem weiches Wasser für die Speisung des Kessels unerläßlich ist. Eine Kesselsteinbildung im Dampfkessel wird vor allem durch Hydrogencarbonate (temporäre Härtebildner) hervorgerufen. Gelangt nichtenthärtetes Wasser in Dampfkesselanlagen, so bildet sich nach voriger Gleichung der gefürchtete Kesselstein, das $CaCO_3$ oder $MgCO_3$. Bilden sich beispielsweise in einem Kessel die ersten Kalkansätze, so werden es bald dickere Schichten. Da Kalkschichten selbst geringer Schichtdicke eine gute Isolierwirkung aufweisen, wird der Wärmeaustausch behindert. Es ist mehr Energie erforderlich, um eine bestimmte Menge Dampf zu erzeugen. Außerdem kann es bei Rißbildung oder Abplatzen der Kalkablagerung an den Heizrohren zu Ausbeulungen und Rissen und letztlich zu Kesselexplosionen kommen.

2. Nichtcarbonathärte NKH

Die Nichtcarbonathärte oder permanente Härte wird durch Sulfate, Chloride und Spuren von Nitraten des Ca und Mg hervorgerufen. Werden diese erwähnten Salze erhitzt, bleiben sie chemisch unverändert, und es erfolgt keine Ausfällung. Aus

diesem Grunde rufen diese Härtebildner die bleibende oder permanente Härte hervor.
Werden diese Salze jedoch einer Seifenlösung zugesetzt, so bildet sich ein Niederschlag von Kalk- oder Magnesiumseife.

$$2C_{15}H_{31}COONa + MgSO_4 \rightarrow (C_{15}H_{31}COO)_2Mg\downarrow + Na_2SO_4$$ (E)

Na-Hexadecanoat Na-Salz der Hexadecansäure (Seife)	Mg-Sulfat	Mg-Hexadecanoat Mg-Salz der Hexadecansäure (Palmitinsäure) (Mg-Seife)	Na-Sulfat

oder:

$$2C_{15}H_{31}COONa + CaCl_2 \rightarrow (C_{15}H_{31}COO)_2Ca\downarrow + 2NaCl$$

Na-Hexadecanoat	Ca-Chlorid	Ca-Hexadecanoat Ca-Salz der Hexa- decansäure (Kalkseife)	Na-Chlorid

Durch die Bildung von Magnesium- oder Kalkseife verliert die Seife laut Reaktionsgleichung 1 oder 2 ihre Waschwirkung. Für die Produktion in der Textilveredlung bedeutet dies wiederum, daß bei allen Technologien weiches Wasser verwendet werden muß. *Rath* gibt an, wenn mit Seife und Alkali gewaschen wird und das Wasser 1 °dH aufweist, daß je 100 l Wasser etwa 16 g Seife verlorengehen. Bei einem Wasser von 15 °dH sind es je 100 l schon 240 g Seife.
Aber nicht nur dieser angeführte Seifenverlust ist einzubeziehen. Es machen sich auch Qualitätsmängel in der Wäsche bemerkbar, z. B. eine Vergrauung, ein harter Griff sowie geringes Saugvermögen, da die Calcium- und Magnesiumseifen fettartigen Charakter und folglich eine wasserabweisende Wirkung haben. Das bedeutet wiederum Schwierigkeiten beim nachfolgenden Färben.
Heute sind deshalb die sehr härteempfindlichen Seifen weitgehend durch nicht- oder nur in geringerem Maße härteempfindliche synthetische Waschmittel ersetzt.

5.5. Wasserhärtebestimmungen

5.5.1. Gesamthärtebestimmungen

Gesamthärtebestimmung mit Seifenlösung nach *Boutron-Boudet*

Zur Gesamthärtebestimmung mit Seifenlösung nach *Boutron-Boudet* benötigt man folgende Geräte und Chemikalien:

Geräte

1. Spezialschüttelflasche mit Markierungen von 10...40
2. Hydrotiometer mit Graduierung nach °dH (Spezialbürette)

Chemikalien

1. verdünnte NaOH
2. Phenolphthalein-Indikator
3. Spezialseifenlösung nach *Boutron-Boudet*
4. Probewasser

Bild 5/2. Schüttelflasche

Bild 5/3. Hydrotiometer

Ⓥ *Durchführung der Bestimmung*

Die Schüttelflasche wird bis zum Eichstrich (40 ml, bei sehr hartem Wasser bis zu 20 ml) mit Probewasser gefüllt. Füllt man sie bis zur Markierung 20 ml an, muß sie bis zum Eichstrich (40 ml) mit destilliertem Wasser aufgefüllt werden. Danach wird diese Lösung mit einem Tropfen Phenolphthalein-Indikator-Lösung und 1 bis 2 Tropfen verdünnter NaOH bis zur schwachen Rosafärbung versetzt (*p*H 8). Das Hydrotiometer ist sodann mit Spezialseifenlösung nach *Boutron-Boudet* bis zur Marke 0 anzufüllen. Aus diesem wird jetzt unter stetem Schütteln so lange Seifenlösung in das Probewasser getropft, bis ein Schaum von 1 cm Höhe 2...3 min bestehenbleibt. Der Härtegrad wird dann am Hydrotiometer abgelesen (verbrauchte Seifenlösung).

War die Schüttelflasche am Anfang nur bis zur Markierung 20 ml mit Probewasser gefüllt, muß der abgelesene Wert am Hydrotiometer mit 2 multipliziert werden (bei Anfüllung bis zum Eichstrich 10 ml mit 4). Alle Ergebnisse drücken die Gesamthärte in °dh aus. Zu bemerken ist, daß diese Art der Untersuchung für hartes Wasser etwas ungenau ist. Diese Untersuchungsmethode wird aber zur Prüfung bzw. Kontrolle schon enthärteten Wassers angewandt.

Prinzip der Methode

Es bildet sich erst dann ein bleibender Schaum, wenn alle Härtebildner im Probewasser als Ca- oder Mg-Seifen verbraucht sind.

Anmerkung

Sie sehen, daß die Spezialschüttelflasche mit den Marken 10, 20, 30 und 40 markiert ist. Von dem zu untersuchenden Wasser werden 40 ml bei einer Härte bis zu 15 °dH, 20 ml bei einer Härte von 15...30 °dH und 10 ml bei einer Härte über 30 °dH in die Spezialschüttelflasche eingefüllt.

Gesamthärtebestimmung mit Chelaplex-Lösung

Eine sehr genaue Bestimmung der Gesamthärte, auch für sehr hartes Wasser, ist die Bestimmung mit Chelaplex-Lösung (VEB Feinchemie Sebnitz).

Geräte

1. Erlenmeyerkolben (Inhalt 200 ml)
2. Titrierbürette (20 ml)

Chemikalien

1. Boraxlösung (1%ig) als Puffersubstanz
2. Eriochromschwarz-Indikator (vermischt mit NaCl 1:200)
3. Chelaplex-Maßlösung m/56 (VEB Feinchemie Sebnitz)
4. Probewasser

Durchführung der Probe Ⓥ

100 ml Probewasser werden im Erlenmeyerkolben mit 10 Tropfen Boraxlösung und einer Spatelspitze Eriochromschwarz-Indikator versetzt. Es entsteht dabei eine weinrote Lösung. Man titriert dann mit Chelaplex-Maßlösung aus der Titrierbürette so lange, bis ein Farbumschlag nach Blau erfolgt. Achten Sie besonders darauf, daß es nicht zu einer Übertitrierung kommt. Halten Sie außerdem den Wert der verbrauchten Maßlösung schriftlich fest! Günstig ist es auch, das Probewasser im erwärmten Zustand (40...50 °C) zu titrieren.

Berechnung

1 ml verbrauchte Chelaplex-Maßlösung entspricht 1 °dH. Da 100 cm^3 Probewasser vorlagen, kommen 1 mg CaO auf diese Menge. Für 1 l Wasser ergibt das dann die Menge von 10 mg CaO.

Denn: 1 °dH $\triangleq$ 10 mg · l^{-1} CaO.

5.5.2. Bestimmung der Carbonathärte

Zur Bestimmung der Carbonathärte (temporäre oder vorübergehende Härte) benötigt man folgende Geräte und Chemikalien:

Geräte

1. Erlenmeyerkolben (Inhalt 200 ml)
2. Titrierbürette (10 ml)

Chemikalien

1. eine 0,1n HCl-Lösung
2. Methylorange-Indikatorlösung

Durchführung der Prüfung Ⓥ

100 ml Probewasser werden im Erlenmeyerkolben mit 1 bis 2 Tropfen Methylorange-Indikatorlösung versetzt und dann mit einer 0,1n HCl-Lösung aus der Titrierbürette von Gelb auf Zwiebelfarben titriert. Halten Sie wieder den Wert der verbrauchten ml an 0,1n HCl schriftlich fest!

Berechnung

1 ml verbrauchte 0,1n HCl-Lösung = 2,8 °dH, da 1 ml 0,1n HCl 2,8 mg CaO bei Verwendung von 100 ml Probewasser entspricht.

Ⓔ *Chemischer Vorgang*

$$Ca(HCO_3)_2 + 2\,HCl \rightarrow CaCl_2 + 2\,CO_2\uparrow + 2\,H_2O$$

$$2\,HCl \triangleq CaO \triangleq 56\ °dH$$

$$1\,HCl \triangleq CaO/2 \triangleq 28\ °dH \text{ für } 1\ l$$

Für 100 ml $\triangleq$ dies 2,8 °dH

M

Gesamthärte	− Carbonathärte	= Nichtcarbonathärte
GH	− KH	= NKH

5.5.3. Bestimmung der Kalkhärte

Zur Bestimmung der Kalkhärte benötigt man folgende Geräte und Chemikalien:

Geräte

1. Erlenmeyerkolben (200 ml Inhalt)
2. Titrierbürette (20 ml)

Chemikalien

1. Verdünnte NaOH
2. Murexid-Indikator (vermischt mit NaCl 1:200)
3. Chelaplex-Maßlösung

Ⓥ *Durchführung der Prüfung*

100 ml Probewasser werden im Erlenmeyerkolben zunächst mit NaOH (1...2 ml) auf einen *p*H-Wert von etwa 12 eingestellt. Bei diesem *p*H-Wert werden alle Mg-Ionen als schwerlösliches $Mg(OH)_2$ ausgefällt und dann nicht mehr bei der Titration mit erfaßt, so daß nur die Ca-Ionen noch mit der Maßlösung reagieren können (Nachweis erfolgt mit Unitest). Daraufhin wird die Lösung mit einer Spatelspitze Murexid-Indikator versetzt. Es entsteht eine rotviolette Lösung. Anschließend wird mit Chelaplex-Maßlösung auf Blauviolett titriert und der Wert der verbrauchten ml-Maßlösung schriftlich festgehalten. Vermeiden Sie auch hier eine Übertitrierung, damit es nicht zu falschen Werten kommt.

Berechnung

1 ml verbrauchte Chelaplex-Maßlösung $\triangleq$ 1 °dH.
Mit dieser Prüfung haben Sie demnach alle Ca-Salz-Anteile erfaßt.

M

Magnesiumhärte = Gesamthärte − Kalkhärte

Mit der Mg-Härte haben Sie dann alle Mg-Salz-Anteile ausgerechnet.

5.6. Bestimmung des *p*H-Wertes

Zur Bestimmung des *p*H-Wertes von Wasser lassen sich sehr gut Indikatorlösungen oder mit Indikatoren getränkte Papierstreifen einsetzen.
Zur Verfügung stehen einmal das Unitestpapier, das *p*H-Werte in Stufen von 1 bis 11 anzeigt, wobei dann Zwischenwerte abgeschätzt werden müssen (Vergleich durch Farbskala). Will man kolorimetrisch noch genauere *p*H-Werte ermitteln, bedient

man sich der Stuphan-Indikatoren, bei denen der pH-Wert, ebenfalls über einer Farbskala verglichen, um 0,3 Einheiten genau ermittelt werden kann.
Dabei wird der jeweilige Papierstreifen zur Hälfte in Wasser eingetaucht und die eintretende Farbänderung mit der dazugehörigen Farbskala verglichen.

Aufgaben zur Berechnung der Wasserhärte

1. Bei einer Wasseranalyse wurden 95 mg l^{-1} CaO und 5 mg l^{-1} MgO ermittelt. Wie groß ist die Wasserhärte in °dH?

   95 mg l^{-1} CaO $\triangleq$ 9,5 °dH

   $$5 \text{ mg } l^{-1} \text{ MgO} \triangleq \frac{0{,}7\,°\text{dH}}{10{,}2\,°\text{dH}} \quad (1 \text{ mg MgO} \triangleq 1{,}4 \text{ mg CaO})$$

   Die Wasserhärte beträgt 10,2 °dH

2. Eine Wasseranalyse ergab eine Gesamthärte von 10 °dH. Die Gesamthärte soll nur durch $CaSO_4$ hervorgerufen werden. Wieviel Gramm je Liter sind von $CaSO_4$ gelöst?

   $CaSO_4 : CaO$

   $136:56 = x:100 \text{ mg } l^{-1}$ (= 10 °dH)

   $56x = 136 \cdot 100 \text{ mg } l^{-1}\ CaSO_4$

   $$x = \frac{136 \cdot 100}{56} \text{ mg } l^{-1} = 243 \text{ mg } l^{-1}\ CaSO_4 \triangleq 0{,}243 \text{ g} \cdot l^{-1}$$

   In einem Liter Wasser sind 0,243 g l^{-1} $CaSO_4$ gelöst.

3. In einem Liter Wasser sind 150 mg $CaSO_4$ und 100 mg $Mg(HCO_3)_2$ enthalten. Wie groß sind permanente und temporäre Härte?

   $CaSO_4 : CaO$

   $136:56 = 150 \text{ mg } l^{-1} : x$

   $$x = \frac{56 \cdot 150}{136} \text{ mg } l^{-1} = 61{,}7 \text{ mg } l^{-1} \text{ CaO}$$

   10 mg l^{-1} CaO $\triangleq$ 1 °dH

   61,7 mg l^{-1} CaO $\triangleq$ 6,17 °dH (permanente Härte)

   Die permanente Härte beträgt 6,2 °dH

   $Mg(HCO_3)_2 : CaO$

   $146:56 = 100 \text{ mg } l^{-1} : x$

   $$x = \frac{5600}{146} \text{ mg } l^{-1} \text{ CaO} = 38{,}4 \text{ mg } l^{-1} \text{ CaO}$$

   10 mg l^{-1} CaO $\triangleq$ 1 °dH

   38,4 mg l^{-1} CaO $\triangleq$ 3,8 °dH (temporäre Härte)

   Die temporäre Härte beträgt 3,8 °dH.

5.7. Wasserenthärtungsverfahren

5.7.1. Übersicht

Unter Wasserenthärtung versteht man die Beseitigung aller Härtebildner aus dem Wasser auf chemischem Wege. In der nun folgenden Übersicht sollen Sie mit den wichtigsten Wasserenthärtungsverfahren bekannt gemacht werden.

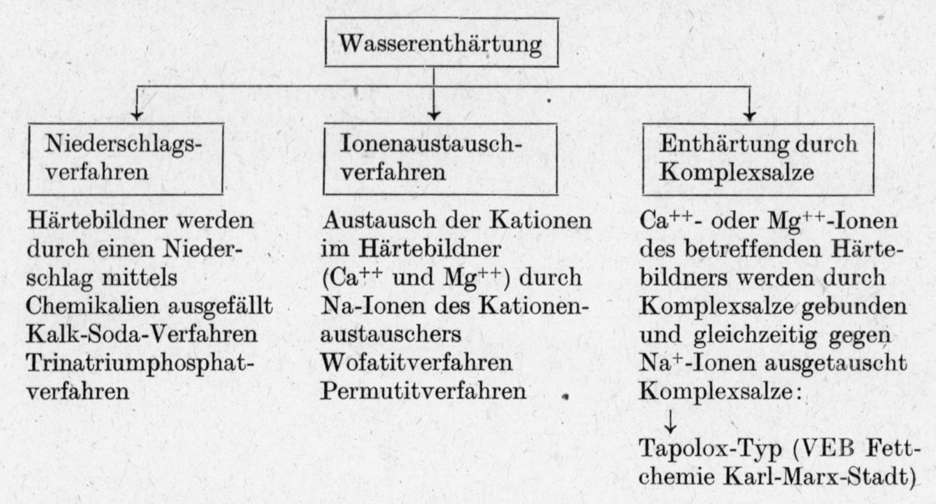

5.7.2. Niederschlagsverfahren

1. Kalk-Soda-Verfahren

Allgemein muß zunächst erläutert werden, daß alle Fällungsverfahren, so auch das Kalk-Soda-Verfahren, in einem Rührbehälter vorgenommen werden, der mit einer Dosiervorrichtung versehen ist. Die Reaktionsprodukte werden in geeigneten Absetzbehältern abgeschieden.
Kalk liegt in Form von $Ca(OH)_2$ vor und beseitigt die Carbonathärte, das Soda (Na_2CO_3) die Nichtcarbonathärte.

Ⓔ *Fällungsmechanismus*

$$Ca(HCO_3)_2 + Ca(OH)_2 \rightarrow 2CaCO_3\downarrow + 2H_2O$$

Ca-Hydrogencarbonat (vorübergehender Härtebildner) + Ca-Hydroxid

$$CaSO_4 + Na_2CO_3 \rightarrow CaCO_3\downarrow + Na_2SO_4$$

Ca-Sulfat (bleibender Härtebildner) + Na-Carbonat (Soda)

Besonderheiten

Das Kalk-Soda-Verfahren ist für einen Betrieb ein sehr billiges Verfahren. Es wird dort angewandt, wo große Wasserhärten zu verzeichnen sind. Nachteilig sind allerdings die laufende Kontrolle des Verfahrens, exakte Zusätze an $Ca(OH)_2$ und Na_2CO_3 sowie die Temperaturabhängigkeit für die Enthärtung selbst. Folgende Übersicht gibt Aufschluß über verschieden angewandte Temperaturen des Enthärtens.

Temperatur des Rohwassers in °C	°dH
60	3
70	2
80	0,8
90	0,5
100	0,3

Abhängigkeit der Enthärtungswirkung von der Temperatur im Kessel

2. Trinatriumphosphatverfahren

Bei dem Trinatriumphosphatverfahren werden die Carbonathärtebildner als auch die Nichtcarbonathärtebildner durch Trinatriumphosphat (Na_3PO_4) gleichzeitig entfernt. Alle Härtebildner werden somit als Ca- oder Mg-Phosphat ausgefällt.

Fällungschemismus

$$3Ca(HCO_3)_2 + 2Na_3PO_4 \rightarrow Ca_3(PO_4)_2\downarrow + 6NaHCO_3$$

Ca-Hydrogencarbonat (vorübergehender Härtebildner) + Trinatriumphosphat → Ca-Phosphat + Na-Hydrogencarbonat

$$3CaSO_4 + 2Na_3PO_4 \rightarrow Ca_3(PO_4)_2\downarrow + 3Na_2SO_4$$

Ca-Sulfat (bleibender Härtebildner) + Trinatriumphosphat

Besonderheiten

Das Trinatriumphosphatverfahren ist ein relativ teures Verfahren, eine Enthärtung ist jedoch bei 70 °C zu 0,1 °dH möglich. Es wird meist für die Restenthärtung von Kesselspeisewasser angewandt.

5.7.3. Ionenaustauschverfahren

Aus der Übersicht über die Wasserenthärtungsmöglichkeiten wurde Ihnen bekannt, daß das Wofatitverfahren ein Ionenaustauschverfahren ist. Es werden die härteverursachenden Ca- und Mg-Ionen des Wassers durch (meist) Natriumionen aus der chemischen Substanz des Austauschermaterials ausgetauscht.

Das Funktionsprinzip des Ionenaustauschverfahrens besteht darin, daß Wasser zunächst über Ionenaustauscher-Harze geleitet wird, die befähigt sind, Ionen (Kationen) abzugeben und andere dafür aufzunehmen. Anschließend erfolgt ein Rückspülen und zum Schluß das Regenerieren des Ionenaustauschers.

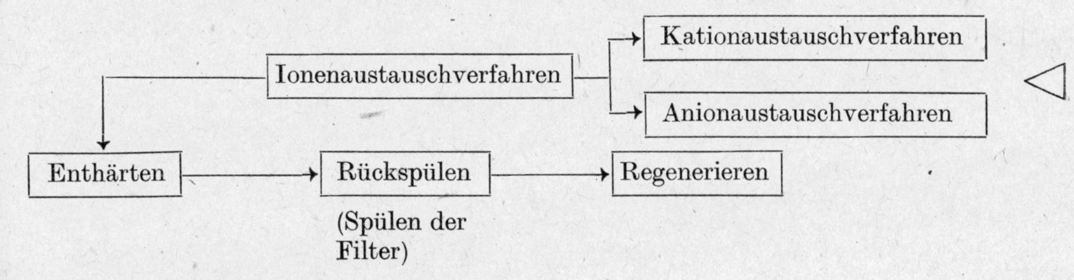

Ⓔ *Reaktionschemismus zum Enthärten*

Beseitigung der Carbonathärte

$Ca(HCO_3)_2$ + Na_2-Wofatit → Ca-Wofatit + $2\,NaHCO_3$

Beseitigung der Nichtcarbonathärte

$CaSO_4$ + Na_2-Wofatit → Ca-Wofatit + Na_2SO_4

Regenerierung des Wofatitfilters

Da der Kationenaustauscher (Na-Wofatit) durch den Enthärtungsprozeß ständig an Na^+-Ionen verarmt und sich damit am Wofatit Ca- und Mg-Ionen laufend anreichern (Ca-Wofatit oder Mg-Wofatit), muß das Austauschfilter nach Durchlauf einer bestimmten Wassermenge wieder regeneriert werden. Dazu läßt man 8%ige NaCl-Lösung durchlaufen. Durch diese NaCl-Lösung ist es möglich, daß sich der Na-Austauschstoff, nämlich das Na-Wofatit, wieder zurückbilden kann (regenerieren).

Reaktionschemismus zum Regenerieren

Ca-Wofatit + $2\,NaCl$ → Na_2-Wofatit + $CaCl_2$

Mg-Wofatit + $2\,NaCl$ → Na_2-Wofatit + $MgCl_2$

An der folgenden Zeichnung können Sie genau den Vorgang der Enthärtung, des Rückspülens und des Regenerierens verfolgen. Welche Ventile dann bei den einzelnen Phasen im Leitungssystem geöffnet oder geschlossen sein müssen, ist ebenfalls gekennzeichnet (Bild 5/4).

Anmerkung

Chemisch gesehen, stellen die Wofatite Kondensationsprodukte zwischen Methanal (Formaldehyd) und Phenolsulfonsäuren dar, d. h., Phenol wird mit Methanal polykondensiert und anschließend mit Schwefelsäure sulfoniert. Wesentlich am Wofatit sind die SO_3-Na-Gruppen, bei welchen die Na^+-Ionen (Kationen) gegen Ca- oder Mg-Ionen der Härtebildner ausgetauscht werden. Das Wofatitverfahren ist von

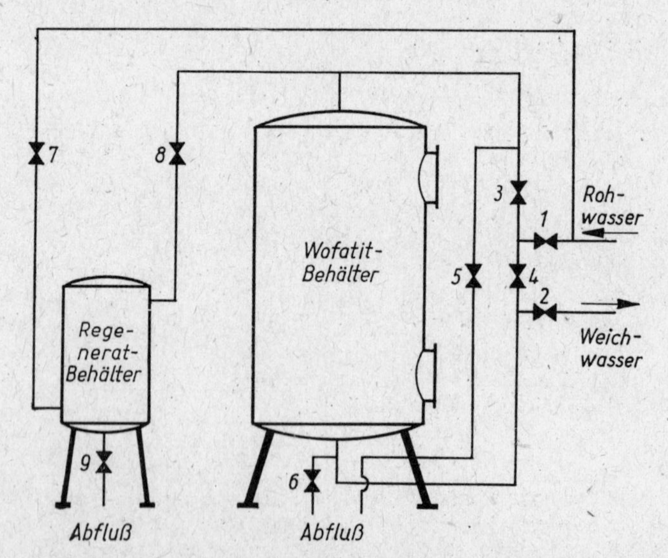

Bild 5/4. Wofatitwasseraufbereitungsanlage

hohem ökonomischem Nutzen, und jeder moderne Textilveredlungsbetrieb in der DDR enthärtet das Wasser mittels einer Wofatitanlage im Wofatitkationenaustauschverfahren.
Wofatit ist ein Produkt, das im VEB Chemiekombinat Bitterfeld hergestellt wird.

5.7.4. Komplexsalzenthärtung

Zur Bindung bzw. Entfernung unerwünschter Metallverbindungen werden die störenden Ionen (hier ebenfalls Kationen von Härtebildnern) durch Komplexsalze in leichtlösliche Komplexe eingebaut. Die Wasserhärte wird infolgedessen unwirksam, wenn ein solches Komplexsalz der entsprechenden Veredlungsflotte zugesetzt wird. Da die Komplexsalze sehr teuer sind, setzt man sie nur in ganz besonderen Fällen ein (beim Waschen oder bei besonderen Färbetechnologien).

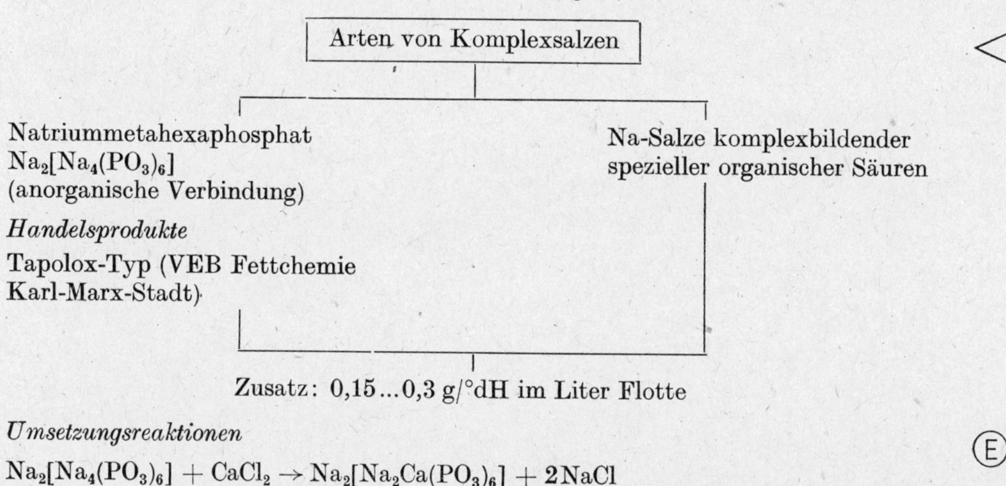

Umsetzungsreaktionen

$$Na_2[Na_4(PO_3)_6] + CaCl_2 \rightarrow Na_2[Na_2Ca(PO_3)_6] + 2\,NaCl$$

(hier wird 1 mol Härtebildner gebunden)

$$Na_2[Na_4(PO_3)_6] + 2\,MgCl_2 \rightarrow Na_2[Mg_2(PO_3)_6] + 4\,NaCl$$

(hier werden 2 mol Härtebildner gebunden)

$$Na_2[Na_4(PO_3)_6] + \underset{\text{Kalkseife}}{(C_{17}H_{35}COO)_2Ca} \rightarrow Na_2[Na_2Ca(PO_3)_6] + \underset{\text{Seife}}{2\,C_{17}H_{35}COONa}$$

Vorsicht beim Färben mit Kupferfarbstoffen auf Cellulosefaserstoffen oder Metallkomplexfarbstoffen auf Woll- und Polyamidfasern, da die Komplexsalze auch den Farbstoffkomplexen das Metall entreißen können. Damit würden alle diese Farbstoffe nicht nur ihren Farbton stark ändern, sondern die Färbungen würden auch schlechte Lichtechtheiten aufweisen.

Aufgaben

1. Nennen Sie je 4 wichtige sichtbare und unsichtbare Störsubstanzen!
2. Beschreiben Sie ausführlich die Entstehung harten Wassers und begründen Sie, daß die natürliche Wasserhärte von der geologischen Lage und der Höhe der Niederschläge abhängig ist!

3. Welche volkswirtschaftliche Bedeutung hat das Wasser?
4. Warum sollen Betriebe nach Möglichkeit ihre Abwässer selbst reinigen bzw. wieder aufbereiten?
5. Warum kann der Zerfall von Hydrogencarbonaten beim Kochen nicht als Gleichgewichtsreaktion angesehen werden?
6. Begründen Sie, daß Calciumcarbonat (Kalk) $CaCO_3$ kein Härtebildner sein kann!
7. Erklären Sie die Begriffe Gesamthärte, Carbonathärte und Nichtcarbonathärte!
8. Wie ist es möglich, Carbonathärtebildner und Nichtcarbonathärtebildner chemisch nachzuweisen?
9. Worauf beruht die Untersuchung der Gesamthärte (chemisches Prinzip) mit Spezialseifenlösung nach B. und B.?
10. Begründen Sie, warum gerade die Carbonathärtebildner auf die Kesselsteinbildung einen wesentlichen Einfluß nehmen!
11. Eine Wasseranalyse ergab eine Gesamthärte von 15 °dH. Diese angegebene Härte soll nur durch Calciumhydrogencarbonat $Ca(HCO_3)_2$ hervorgerufen werden. Wieviel Gramm je Liter sind von diesem Härtebildner gelöst?
12. Bestimmen Sie durch 2 Versuche die Gesamthärte des Wassers mit Chelaplex-Lösung sowie Carbonathärte mit 0,1n HCl!
    Berechnen Sie abschließend den Wert der Nichtcarbonathärte nach folgendem Untersuchungsprotokoll!:

    Wasseruntersuchung

    Datum:_________

    Gesamthärte: °dH (GH)
    Verbrauchte ml von Chelaplex-Lösung:_______________________
    Carbonathärte: °dH (KH)
    Verbrauchte ml von 0,1n HCl (gegen Methylorange):_________________
    Nichtcarbonathärte: °dH (NKH)
    NKH = GH − KH
13. Erklären Sie die Begriffe Ion, Kation, Anion und begründen Sie, warum Anionen und Kationen unterschiedliche Ladungen aufweisen! Leiten Sie dann den Begriff Ionenaustauschverfahren ab (Kation- und Anionaustauschverfahren)!
14. Welche chemischen Vorgänge spielen sich beim Enthärten und Regenerieren ab, wenn hartes Wasser nach dem Kationenaustauschverfahren (Wofatitverfahren) enthärtet wird?
15. Was versteht man unter Komplexsalzen, welche Merkmale weisen sie auf und wie erfolgt durch diese eine Wasserenthärtung?
16. Für welche Veredlungsprozesse dürfen Sie Komplexsalzenthärter nicht einsetzen? Begründen Sie Ihre Aussage!

6. Chemie der grenzflächen-aktiven Textilhilfsmittel (Tenside)

6.1. Einführung

Von grenzflächenaktiven Stoffen oder Tensiden spricht man dann, wenn diese imstande sind, sich bevorzugt an Grenzenflächen anzureichern und die Anziehungskräfte zwischen den Molekülen in der Grenzschicht verringern.
Grenzflächen können die Wandung eines Glasgefäßes—Lösung oder Luft—Lösung sein. Solche Stoffe, die die Oberflächenspannung an Grenzflächen herabsetzen, bezeichnet man als Tenside. Die Anreicherung eines Tensids an der Oberfläche führt zu einer Grenzschicht. Als Tenside wirken Netzmittel, Dispergatoren, Waschmittel, Weichmacher oder Emulgatoren. Viele dieser synthetisch hergestellten Produkte vereinigen oft mehrere Eigenschaften, wie zum Beispiel Netz-, Dispergier- und Emulgierwirkung sowie hohe Beständigkeit gegen Säuren, Basen und Härtebildner. Damit ist es möglich, zwei oder mehrere Operationen in einem Arbeitsgang der Textilveredlung auszuführen.

6.2. Begriff Tensid

Unter Tensiden versteht man grenzflächenaktive Stoffe, die sich bevorzugt an Oberflächen anlagern und dort deren Spannungen herabsetzen.
Sie setzen die Oberflächenspannung des Wassers herab und verbessern so die Benetzung (»Netzmittel«).
Wenn Sie ein Becherglas mit Wasser füllen, so können Sie feststellen, daß die Oberfläche des Wasserspiegels an den Seiten nicht gleichmäßig gerade, sondern gewölbt ist. Hier haben Sie die ersten Zeichen von Grenzflächen und ihren vorhandenen Spannungen (Versuch).
Vorhandene Grenzflächen (Bild 6/1):

1. Lösung (H_2O) — Wandung des Gefäßes,
2. Lösung (H_2O) — Luft,
3. Wandung des Gefäßes — Luft.

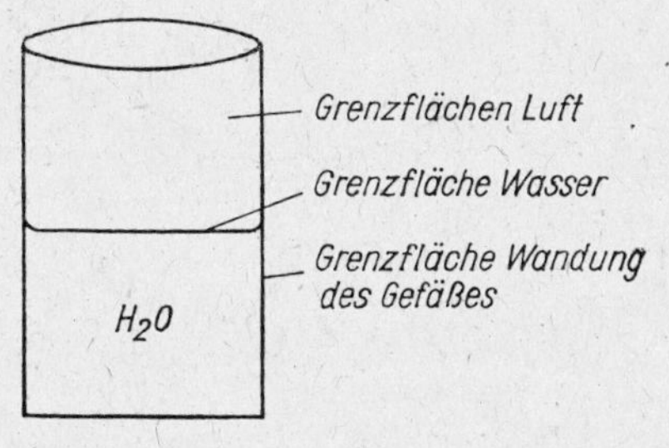

Bild 6/1. Becherglas mit Wasser gefüllt

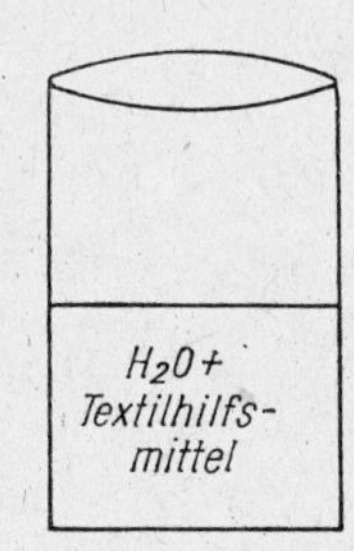

Bild 6/2. Becherglas mit Wasser und Textilhilfsmittel gefüllt (Grenzflächenspannungen sind stark herabgesetzt)

Rührt man ein Tensid in das Wasser ein (Bild 6/2), so weist die entstandene Lösung Wasser—Tensid einen geraden Spiegel auf, da die Oberflächenspannung des Wassers (entspricht Grenzflächenspannung Wasser—Luft) sowie die Grenzflächenspannung Wandung des Glasgefäßes—Wasser herabgesetzt werden.

6.3. Chemisches Aufbauprinzip eines Tensids

Ein grenzflächenaktives Textilhilfsmittel besteht immer aus einem hydrophoben Rest und einer oder auch mehreren hydrophilen Gruppen (Bild 6/3). Arbeiten Sie sich dazu besonders noch einmal die Tabelle über Besonderheiten organischer Säuren im Lehrkomplex Säuren durch!

Der wasserabstoßende Teil des Tensids kann eine Kohlenwasserstoffkette sein, die auch zusätzlich mit Ringen (1 bis 2) kombiniert möglich ist (Alkyl- oder Alkylarylrest)

Der wasserfreundliche Teil des Tensids kann eine -SO_3Na- oder -COONa- bzw. auch -COOH-Gruppe sein.

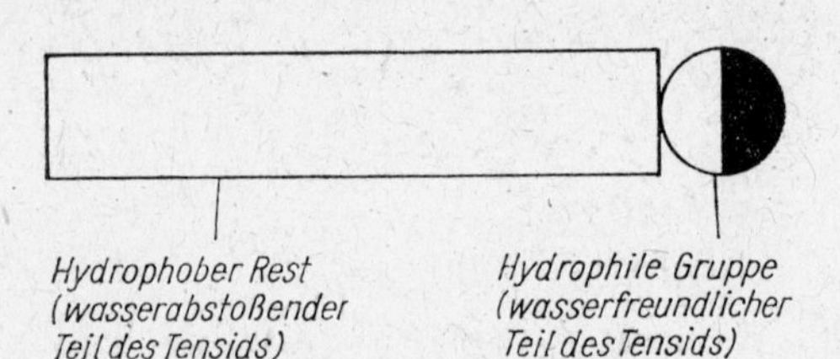

Bild 6/3. Bauprinzip eines Tensids

Es ist Ihnen bekannt, daß an den hydrophilen Gruppen stets eine Dissoziation ausgelöst und die Ionogenität des betreffenden Tensids bestimmt wird (z. B. -COO^-Na^+ oder -$SO_3^-Na^+$).

▷ Mit den hydrophilen Gruppen eines Tensids ist außerdem seine Wasserlöslichkeit gegeben.

Abhängigkeit der Wasserlöslichkeit eines Tensids von seinem Aufbau und dem Wasser als Lösungsmittel

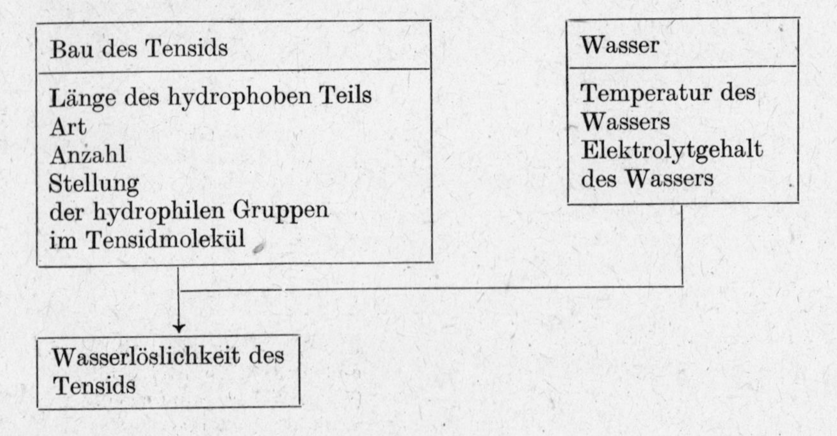

6.4. Nachweis der Grenzflächenaktivität

Die Wirkungsweise von grenzflächenaktiven Textilhilfsmitteln soll Ihnen ein erstes Bild veranschaulichen.
Befindet sich ein solches Tensid in Wasser gelöst, so sind die Moleküle des grenzflächenaktiven Stoffes in ganz bestimmter Weise ausgerichtet. Der hydrophobe Teil (wasserfeindliche Teil) richtet sich vom Wasser weg, die hydrophilen Gruppen richten sich zum Wasser hin (Bild 6/4).

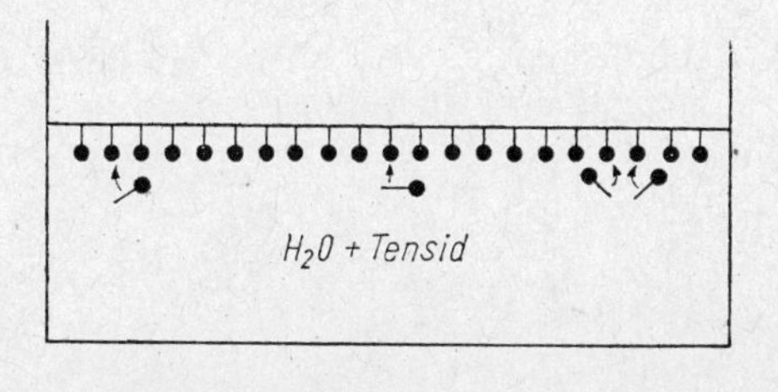

Bild 6/4. Orientierte Adsorption eines Tensids

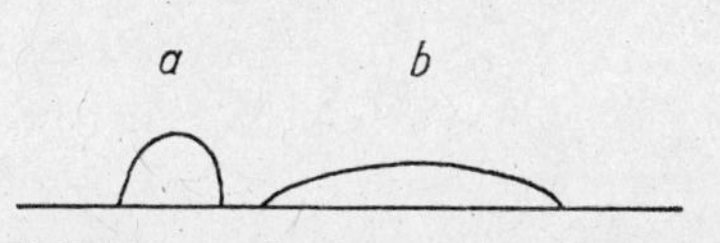

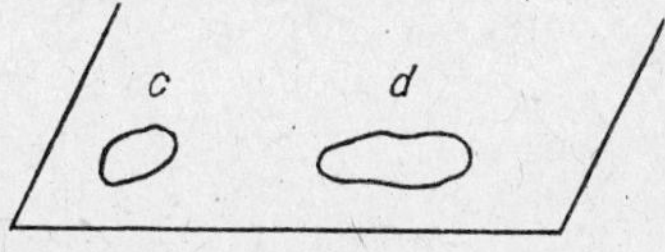

Bild 6/5. Ausbreitung eines Wassertropfens ohne und mit Tensid auf einer Glasunterlage

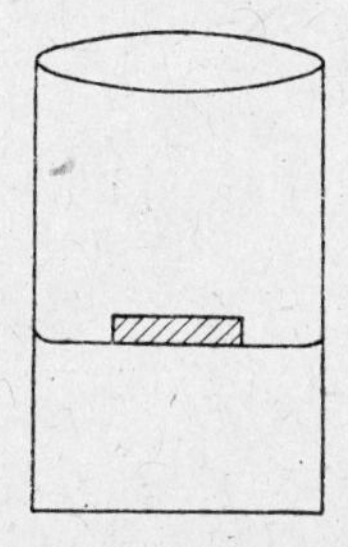

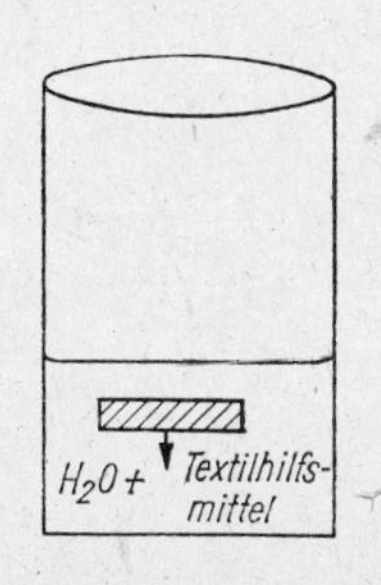

Bild 6/6. Vergleich der Untersinkzeiten eines Baumwolläppchens im Wasser und in einer Lösung von Wasser und Tensid

M

Richtet sich der hydrophobe Teil eines Tensids, welches in Wasser gelöst ist, vom Wasser weg und seine hydrophilen Gruppen zum Wasser hin, so bezeichnet man diesen Vorgang als orientierte Adsorption.

(V)

Einen Beweis der Grenzflächenaktivität liefern zwei weitere Beispiele in Bildern und ein dazugehöriger Versuch. Die nächste Darstellung veranschaulicht die Ausbreitung eines Wassertropfens auf einer Glasunterlage mit und ohne grenzflächenaktive Substanz (nach *Gawalek*, Bild 6/5).

(V)

In einem Versuch auf dem Polylux werden auf einer Glasplatte zwei Wassertropfen möglichst ganz nahe beieinander aufgelegt. Man sieht dabei, daß zunächst diese zwei Wassertropfen nicht ineinanderlaufen (vorhandene Grenzflächenspannung). Gibt man zu einem der beiden aufgelegten Wassertropfen einen Tropfen eines Netzmittels dazu, so laufen augenblicklich beide Wassertropfen ineinander über (Aufhebung der Grenzflächenspannung des Wassers).

(V)

Ein letztes Beispiel für die Grenzflächenaktivität von Tensiden wird aufgeführt, indem man die Untersinkzeiten zweier roher Baumwolläppchen einmal in reinem Wasser, das andere Mal in Wasser und Netzmittel mißt. Man stellt fest, daß das eine Baumwolläppchen in einer Lösung von Wasser und Textilhilfsmittel sofort untersinkt, während das andere in Wasser allein noch sehr lange auf der Oberfläche schwimmt (Bild 6/6).

6.5. Gruppenzugehörigkeit

Bei vielen Textilveredlungsvorgängen, besonders aber beim Waschen, spielen Netz-, Dispergier- und Emulgiervorgänge, wie Sie noch sehen werden, eine große Rolle.

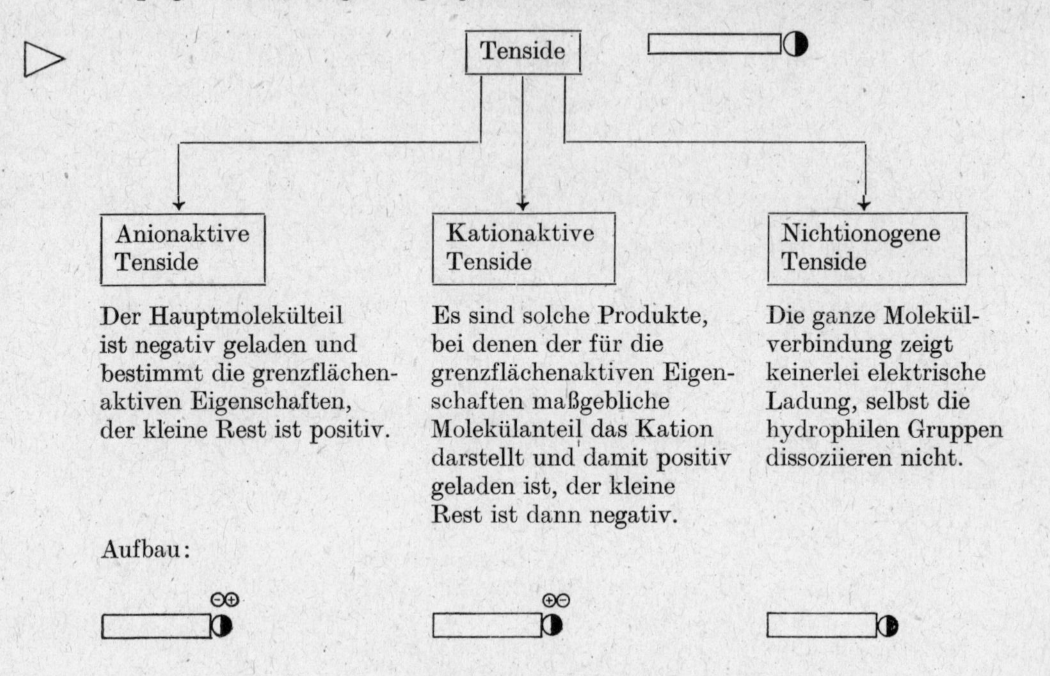

6.6. Abhängigkeit der Wirkungsweise von der chemischen Struktur

Die allgemeine Struktur eines Tensids ist Ihnen jetzt bekannt. Spezielle Strukturen bedingen also auch eine besondere Wirkungsweise

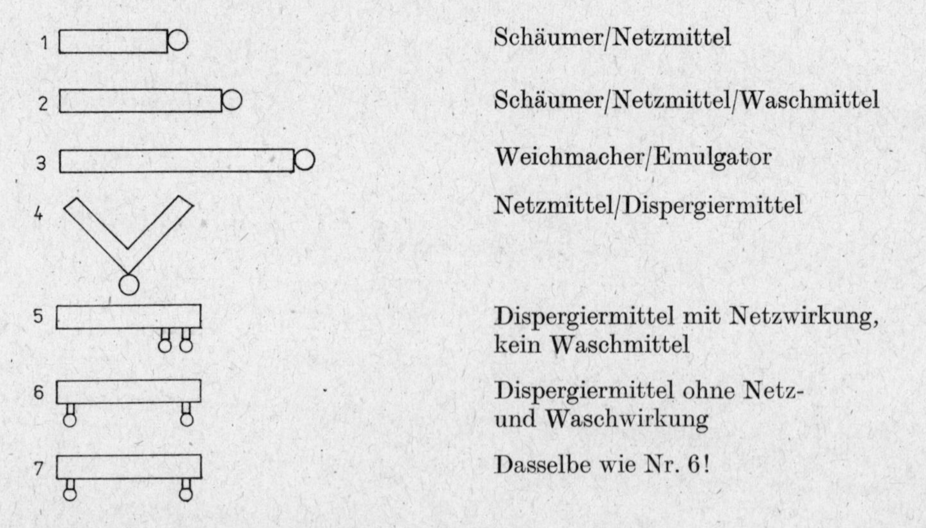

Hinsichtlich der Wirkung grenzflächenaktiver Textilhilfsmittel in Abhängigkeit von der Länge des hydrophoben Teiles ergibt sich folgende Reihenfolge bzw. folgender Richtungssinn:

Netzmittel ⇌ Dispergiermittel ⇌ Waschmittel ⇌ Weichmacher ⇌ wasserlöslicher Emulgator ⇌ öllöslicher Emulgator

⟶

Zunahme der Länge des hydrophoben Teils

Die Wirkungsweise des Tensids kann durch Veränderung des hydrophoben Restes oder auch der hydrophilen Gruppen beeinflußt werden. Dabei ergibt sich dann auch ein entsprechend anderer Richtungssinn:

1. Hydrophober Rest
   Zunahme der Kettenlänge →
   Zunahme der Kettenverzweigungen ←
   Zunahme der Doppelbindungen ←
2. Hydrophile Gruppen
   Zunahme der Gruppen ←
   bei endständigen hydrophilen Gruppen →
   bei mittelständigen hydrophilen Gruppen ←

6.7. Lösungen und Dispersionen

6.7.1. Übersicht

Bevor Sie die Wirkungsweise der Tenside in Lösungen kennenlernen, sollen Sie sich erst über die verschiedenen Arten von Lösungen und deren Besonderheiten informieren. Für das chemisch-physikalische Verhalten eines Stoffes ist nicht nur seine chemische Zusammensetzung, sondern auch sein Zerteilungsgrad maßgebend. Da diese Zerteilung in einem wäßrigen Medium unterschiedlich ist, ergeben sich nicht nur verschiedenartige Teilchengrößen, sondern auch verschiedene Lösungsarten.

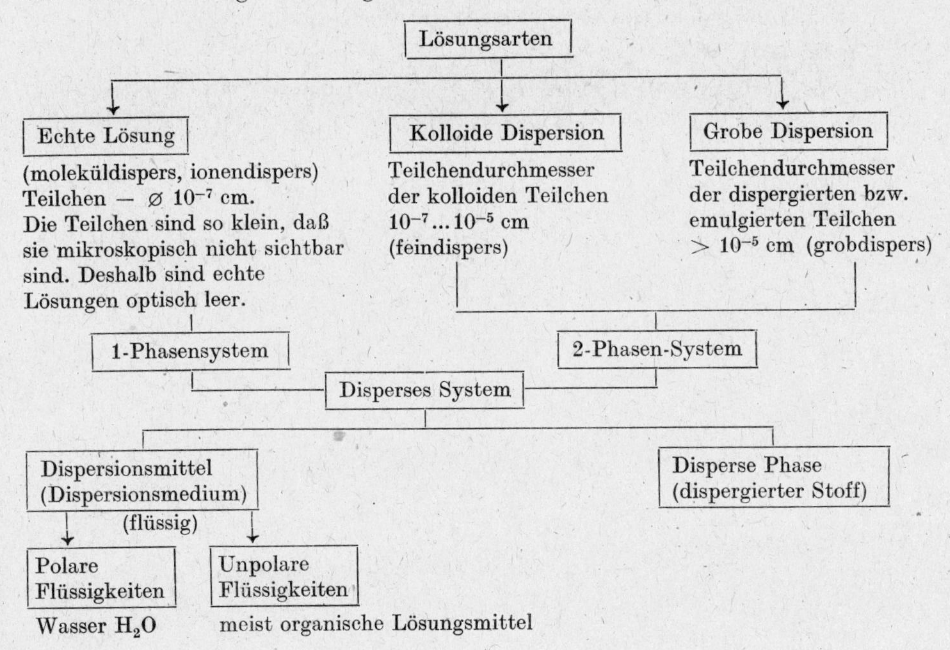

6.7.2. Kolloide Dispersionen

Merkmale

1. Kolloidteilchen wandern nicht durch Membranen, da sie einen zu großen Teilchendurchmesser haben. Durch Verwendung von Membranen mit geeigneter Porengröße kann man so aus kolloiden Dispersionen zu ihrer Reinigung Ionen (Salze oder andere Elektrolyte) abtrennen. Man nennt diesen Vorgang Dialyse. Er kann durch Anlegen eines elektrischen Feldes (*Elektrodialyse*) beschleunigt werden.
2. Kolloide Dispersionen weisen im Vergleich zu echten Lösungen mit kleinen Teilchen nur einen geringen osmotischen Druck aus.
3. *Tyndall-Phänomen*
   Durch die seitliche Beugung des Lichtes an den Kolloidteilchen zeichnet sich ein durch die Dispersion gehender Lichtstrahl scharf ab (»Sonnenstäubchenphänomen«).
4. Teilchen kolloider Dispersionen wandern im elektrischen Feld (*Elektrophorese*).
5. Kolloide Teilchen einer kolloiden Dispersion zeigen unter einem Ultramikroskop die *Braunsche Molekularbewegung*.
6. Kolloide sind immer *grenzflächenaktiv*.
7. Kolloide Teilchen können durch Zusätze ausgeflockt werden. Fügt man beispielsweise zu einer kolloiden Dispersion die Dispersion eines entgegengesetzt geladenen Kolloids, so vereinigen sich die Teilchen miteinander, und die elektrische Ladung wird damit beseitigt. Diese Ausflockung wird als *Koagulation* bezeichnet.

Prägen Sie sich ein!

M

Eine kolloide Dispersion entspricht einem Sol. Durch Entzug von Lösungsmittel oder durch Koagulation infolge chemischer Einwirkung entsteht aus einem Sol ein Gel.
Reversible Kolloide sind Kolloide, die sich nach der Koagulation wieder in Lösung bringen lassen, irreversible Kolloide dagegen nicht.

6.7.3. Emulsionen

Emulsionen stellen ein grobdisperses Zweiphasensystem dar, bei dem sowohl der verteilte Stoff als auch der verteilende Stoff in flüssiger Form vorliegen. Beide Stoffe trennen sich jedoch wieder, wenn nicht ein Tensid zugesetzt wird, das die Oberflächenspannung des Wassers sowie die Grenzflächenspannung zwischen Öl und Wasser herabsetzt. Diese Substanz bezeichnet man als *Emulgator*, der die Stabilisierungssubstanz für das disperse Zweiphasensystem darstellt.

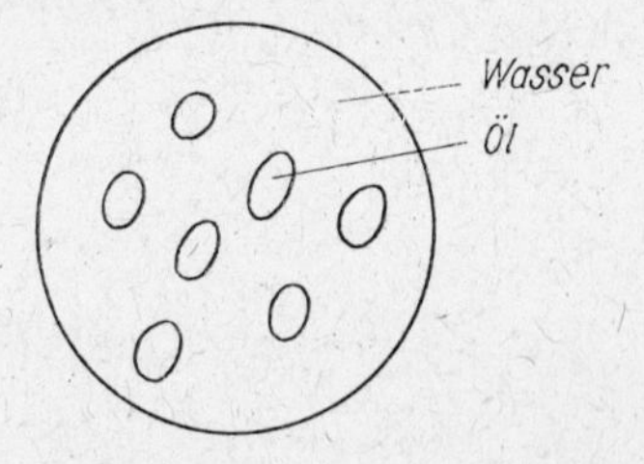

Bild 6/7. Öl-in-Wasser-Emulsion

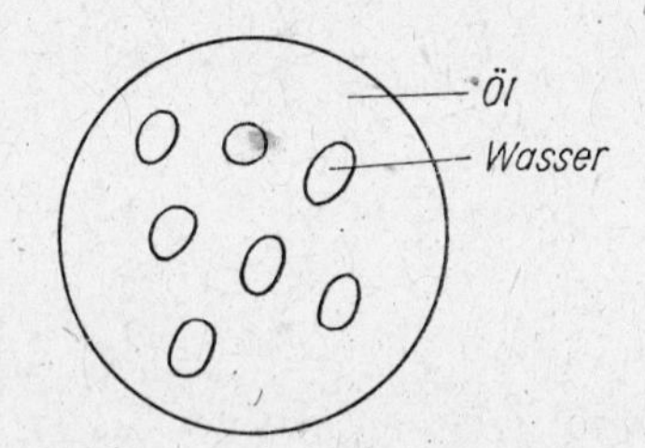

Bild 6/8. Wasser-in-Öl-Emulsion

Arten

Öl-in-Wasser-Emulsion	Wasser-in-Öl-Emulsion
Öl ist die innere Phase, Wasser ist die äußere Phase (OW-Typ, Bild 6/7)	Wasser ist die innere Phase, Öl ist die äußere Phase (Bild 6/8).
Gelbe Eigenfarbe, bei Verdünnung mit Wasser weiß.	Diese Emulsionen sind sahne- bis pastenartig.
Zu ihrer Herstellung werden wasserlösliche Emulgatoren benötigt.	Zu ihrer Herstellung werden öllösliche Emulgatoren benötigt.
OW-Typen werden häufig als Schmälzen eingesetzt.	WO-Typen werden häufig als Emulsionsverdickung für die Druckerei eingesetzt.

Nachweis einer OW- oder WO-Emulsion

1. Ein wasserlöslicher und ein öllöslicher Farbstoff (z. B. Methylenblau und Sudanrot) werden auf die zu prüfende Emulsion gebracht. Färbt der wasserlösliche Farbstoff die Emulsion, so handelt es sich um einen OW-Typ (äußere Phase wird blau gefärbt). Färbt dagegen der fettlösliche Farbstoff die Emulsion, so liegt ein WO-Typ vor (äußere Phase wird rot gefärbt).

2. OW-Emulsionen ergeben auf trockenem, mit Kobalt(II)-chlorid ($CoCl_2$) gefärbtem Filterpapier eine Aufhellung mit einem Farbtonumschlag von Blau nach Rosa. WO-Typen zeigen nur eine geringe Veränderung im Blauton.

Ⓥ

V

Verwendungszweck

Schmälzmittel für Faserstoffe,
Verdickungsmittel in der Druckerei,
Weichmacher für Faserstoffe,
Präparationsmittel für Faserstoffe.

Handelsprodukte

Schmälzen

Ostendol GGS, SG und SL als OW-Typen (VEB Fettchemie Karl-Marx-Stadt)

Druckverdickungen

Verdickung UN als WO-Typ (VEB Fettchemie Karl-Marx-Stadt)

6.7.4. Suspensionen

Eine Suspension stellt ebenfalls wie eine Emulsion ein grobdisperses 2-Phasen-System dar, in dem aber nun feste Stoffe, in einer Flüssigkeit verteilt, vorliegen.

6.8. Wirkungsweise der Tenside in Lösung

Waschen umfaßt die Prozesse Netzen/Dispergieren und Emulgieren (siehe Waschprozeß!).
Prägen Sie sich alle 4 Wirkungsweisen von Tensiden in wäßriger Lösung ein! Bild 6/9 zeigt die Wirkungsweise der Textilhilfsmittel (Tenside) in Lösung.

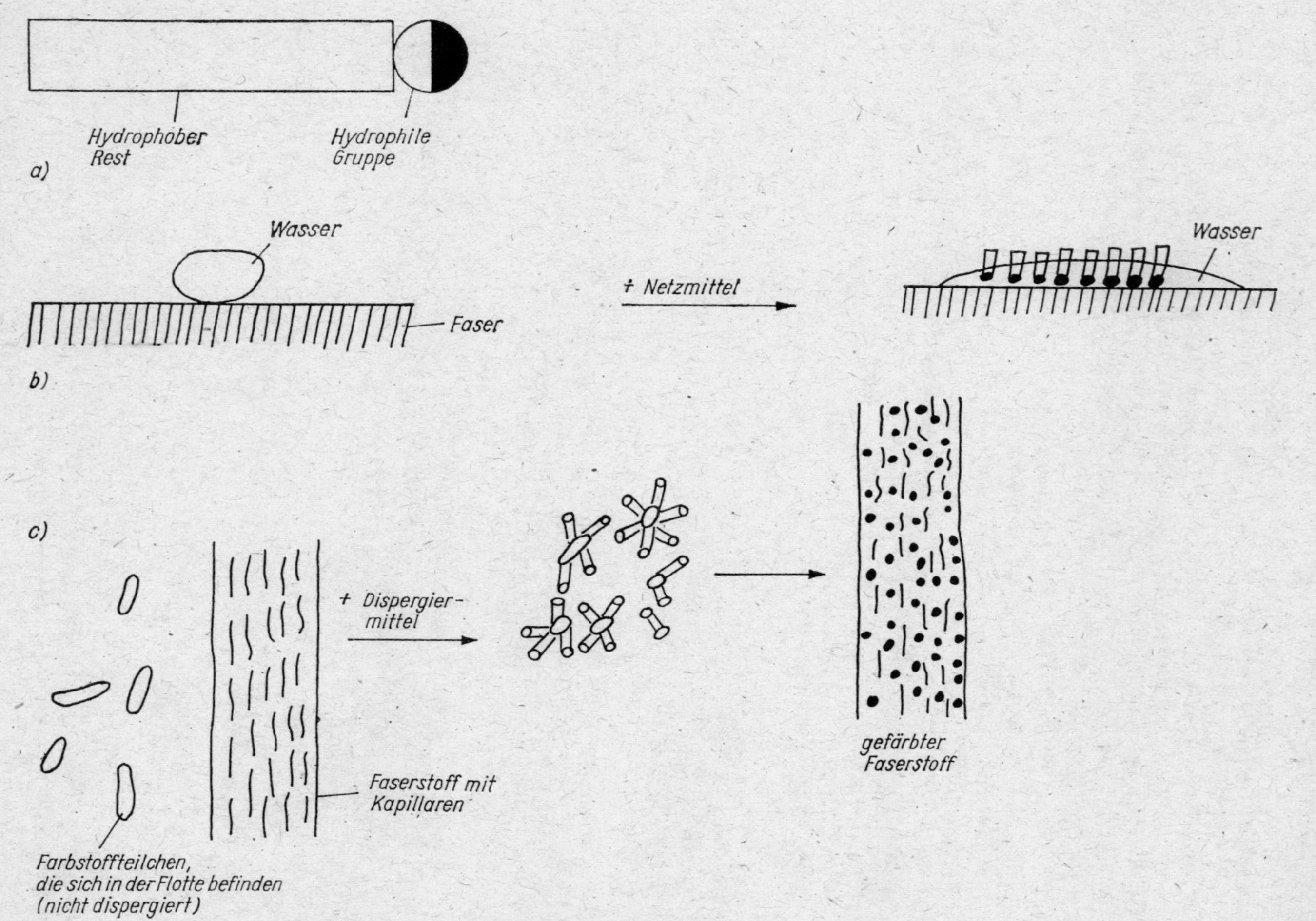

Hydrophober Rest
Hydrophile Gruppe
a)
Wasser
Faser
+ Netzmittel
Wasser
b)
c)
+ Dispergier-mittel
Faserstoff mit Kapillaren
Farbstoffteilchen, die sich in der Flotte befinden (nicht dispergiert)
gefärbter Faserstoff

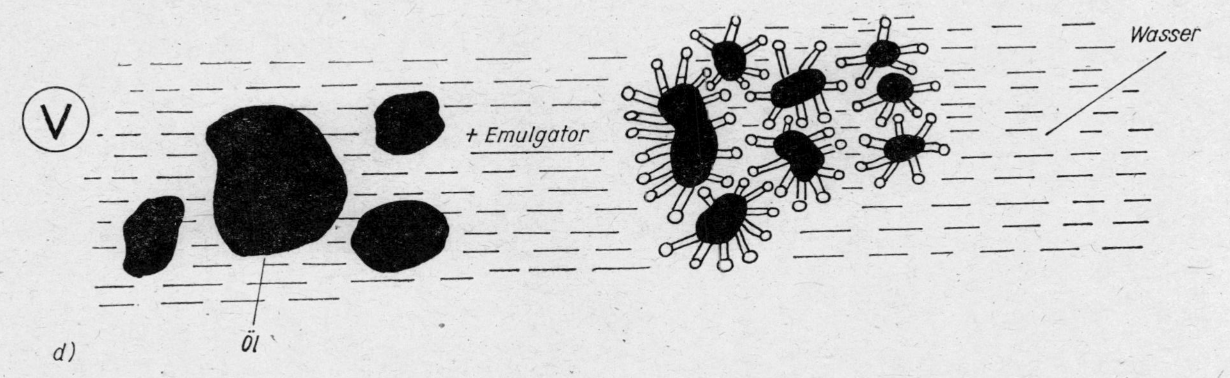

Bild 6/9. Wirkungsweise der Tenside in Lösung

a) grenzflächenaktive Substanz
b) Netzen
c) Dispergieren
d) Emulgieren

Tabelle 9. Wirkungsweise von Tensiden in Lösung

Benennung	Begriffserklärung	Wirkungsweise	Struktur	Mögliche Ionogenität	Handelsnamen
Grenzflächenaktive Textilhilfsmittel (Tenside)					(Ergänzen Sie selbst diese Aufstellung!)
1. Netzmittel	Netzen: Eindringen von H_2O in die Kapillaren eines Faserstoffes	Durch Orientierung der Textilhilfsmittelmoleküle wird die Grenzflächenspannung zwischen Wasser und Luft sowie zwischen Wasser und Faser herabgesetzt. Das Wasser kann sich ausbreiten und in die Faserkapillaren eindringen		a, n	

Tabelle 9 (Fortsetzung)

Benennung	Begriffs-erklärung		Wirkungsweise	Struktur	Mögliche Ionogenität	Handelsnamen
2. Dispergiermittel	Dispergieren:	Feinstverteilung von Farbstoff- oder auch Schmutzteilchen	Durch Orientierung wird die Grenzflächenspannung z. B. zwischen H_2O und Farbstoff herabgesetzt. Diejenigen Teilchen, die dispergiert werden sollen, können sich dadurch feinst verteilen		a, n	
3. Emulgiermittel	Emulgieren:	Grobdisperses Verteilen zweier Flüssigkeiten in Form von Tröpfchen	Durch Orientierung der Textilhilfsmittelmoleküle wird die Grenzflächenspannung zwischen zwei Flüssigkeiten verringert, die Flüssigkeiten können sich vermischen		meist n	
4. Waschmittel	Waschen:	Netzen + Dispergieren + Emulgieren unter gleichzeitiger statischer Abstoßung der Schmutzteilchen	Siehe Waschprozeß! (4 Teilvorgänge)		a, n	
5. Weichmacher	Weichmachen:	Prozeß, bei dem Textilhilfsmittel den Textilien Weichheit verleihen und ihnen auch damit eine höhere Scheuer-, Reiß- und Schiebefestigkeit geben	Der Weichmacher zeigt gewisse Affinität zu Faserstoffen. Durch kationaktive Weichmacher wird außerdem bei Synthesefasern die elektrostatische Aufladung verringert		a, n, k	

Waschprozeß

Obwohl das Waschen als Technologie schon viele tausend Jahre alt ist, sind die chemisch-physikalischen Beziehungen, die bei diesem Prozeß vor sich gehen, erst 50 Jahre bekannt. Der Waschvorgang ist ein Komplexvorgang, da er sich in 4 einzelne Teilvorgänge aufgliedert. Damit ergeben sich auch wichtige *Teilwirkungen* für ein Waschmittel. Diese sind:

1. Verminderung der Oberflächenspannung des Wassers
2. Herabsetzung der Grenzflächenspannung zwischen Faserstoff—Wasser sowie Schmutz—Wasser
3. Benetzungsfähigkeit
4. Dispergierwirkung
5. Emulgiervermögen.

Diese *Teilwirkungen* werden auch gleichzeitig als Anforderungen an ein Waschmittel gestellt.

Teilvorgänge des Waschprozesses

1. Orientierte Adsorption der grenzflächenaktiven Moleküle in der Grenzfläche Schmutz—Waschmittellösung,
2. Herabsetzen der Grenzflächenspannung durch die grenzflächenaktiven Moleküle,
3. Verdrängung des Schmutzes von der Faser und Benetzung der vom Schmutz befreiten Faser durch die Moleküle der waschaktiven Substanz, wobei die Ablösung des Schmutzes sehr gefördert wird.
   Bei einer z. B. mit Öl verschmutzten Ware erfolgt die Dispergierung nicht sofort, sondern die Ölteilchen nehmen erst Halbkugel- und dann Kugelform an (nach *Kling*). Diese Kugeln sitzen dann nur noch ganz locker auf der Faseroberfläche und werden durch die Waschmittellösung in die Flotte getragen.
4. Dispergierung des Schmutzes und Stabilisierung der Schmutzdispersion durch die Waschmittelmoleküle (hydratisierender Teil) und die statische Abstoßung der Schmutzteilchen. Da Faser und Schmutz im allgemeinen gleiche elektrische Ladung, nämlich negative Ladung aufweisen, müßten sie theoretisch die Schmutzteilchen schon im wäßrigen Medium von der Faser abstoßen. Diese Kräfte sind jedoch zu gering, und man muß sie durch Zusatz anionaktiver Waschmittel be-

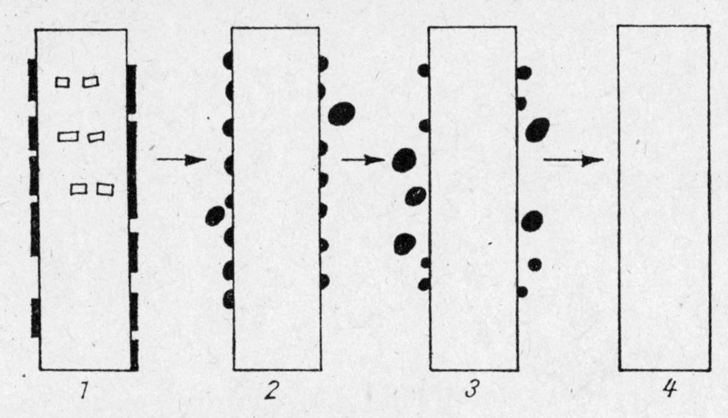

Bild 6/10. Teilvorgänge des Waschens
1. total verschmutzte Faser
2. Angriff des Waschmittels (Halbkugelbildung)
3. Emulgierung des Schmutzes durch das Waschmittel (Kugelbildung)
4. gereinigte Faser

trächtlich erhöhen. In gleicher Weise ist es möglich, den pH-Wert der Waschflotten nach der alkalischen Seite hin zu verschieben (Erhöhung der negativ geladenen OH-Ionen).

Die 4 Teilvorgänge des Waschens sollen in einem Bild demonstriert werden, indem eine ölverschmutzte textile Fläche durch eine Waschmittellösung gereinigt wird (nach *Kling*, *Langer* und *Haussner*, Bild 6/10).
Bei der Bildung Halbkugel-Kugelform können Sie außerdem auch ganz bestimmte Randwinkelbeziehungen feststellen, nämlich eine ständige Verkleinerung des Randwinkels 1 bis 4 (Bild 6/11).

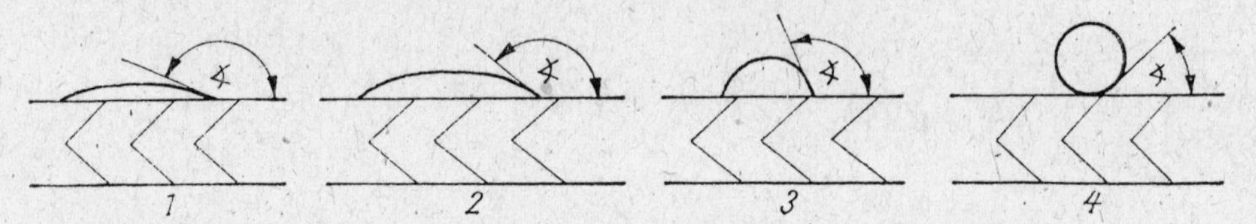

Bild 6/11. Randwinkelbeziehungen von Schmutzteilchen beim Waschprozeß (1...4)

Maßgebende Faktoren auf das Waschergebnis sind

1. Art, Menge und Verteilungsgrad des Schmutzes,
2. Art des Fasermaterials, auf dem sich der Schmutz befindet,
3. pH-Wert der Waschflotten,
4. der Grad der Härte des Wassers, mit dem gewaschen wird,
5. Affinität der waschaktiven Substanz (WAS) zur Faser,
6. Konzentration des Waschmittels,
7. Waschtemperatur,
8. Waschzeit,
9. Art der zugeführten mechanischen Energie,
10. Flottenverhältnis beim Waschprozeß.

Die Schaumwirkung des Waschmittels hat eine untergeordnete Bedeutung, da heute vom Textilhilfsmittelhersteller Waschmittel in den Handel gebracht werden, die sehr schaumarm sind, da der Schaum bei Waschprozessen sehr störend wirkt (Schwimmen der Ware oder keine Kontrolle des Flottenstandes).

Tabelle 10. Besonderheiten anionaktiver und nichtionogener waschaktiver Substanzen

Anionaktive waschaktive Substanz	Nichtionogene waschaktive Substanz
Wolle und andere Faserstoffe mit kationischem Charakter können in Abhängigkeit vom pH-Wert einen gewissen Anteil an Textilhilfsmittelmolekülen binden. Das führt zwar einerseits zu einer Verarmung an waschaktiven Molekülen, verbessert aber meist den Griff der Ware (Weichmachereffekt)	Hohe Waschwirkung gegenüber Wolle und synthetischen Faserstoffen. Keine hohe Sorption der waschaktiven Substanz durch beide Faserstoffgruppen
faseraffine Textilhilfsmittel	farbstoffaffine Textilhilfsmittel

6.9. Anionaktive Tenside

Seifen

Unter Seifen versteht man Natrium-, Kalium- oder Ammoniumsalze höherer Fettsäuren (Alkan- oder Alkensäuren) von $C_{14} \ldots C_{18}$.

Die wichtigsten Fettsäuren sind:

$C_{13}H_{27}COOH$ Tetradecansäure (Myristinsäure)
$C_{15}H_{31}COOH$ Hexadecansäure (Palmitinsäure)
$C_{17}H_{35}COOH$ Octadecansäure (Stearinsäure) und
$C_{17}H_{33}COOH$ Octadec-3-ensäure (Ölsäure)

Na-, K- und NH_4-Seifen sind wasserlöslich, unlöslich dagegen sind Al- oder Zr-Seifen (letztere werden mitunter noch für wasserabweisende Imprägnierungen eingesetzt).

Gewinnung der Fettsäuren

Tierische Fette (Auskochen von Knochen)	Pflanzliche Fette (Auspressen von fetthaltigen Teilen in Pflanzen)	Verseifung aller Fette durch Behandlung in 4...12%iger H_2SO_4, 1 h bei 110 °C	Synthetische Darstellung aus Kohlenwasserstoffen

Eigenschaften

1. Hydrolytische Spaltung bei Hinzutritt von Wasser und dadurch alkalische Reaktion

   $$C_{15}H_{31}COONa + H_2O \rightleftharpoons C_{15}H_{31}COOH + NaOH$$

2. Nicht säure- und alkalibeständig

   $$C_{15}H_{31}COONa + HCl \rightarrow C_{15}H_{31}COOH\downarrow + NaCl$$

3. Nicht härtebeständig

   $$2C_{15}H_{31}COONa + CaCl_2 \rightarrow (C_{15}H_{31}COO)_2Ca\downarrow + NaCl$$

   wasserunlösliches Ca-Salz ohne Waschwirkung (Kalkseife)

Damit weisen alle Seifen Eigenschaften auf, die bei Veredlungsprozessen sehr nachteilig sind. Das war der wichtigste Grund für die Forschung auf diesem Gebiet, synthetische Waschmittel zu entwickeln, die jene Nachteile der Seifen nicht aufweisen.

Handelsprodukte

Na- und NH_4-Seifen (Feinseifen),
K-Seifen (Schmierseifen),
Na- oder NH_4-Seife aus Ölsäure (Marseiller Seife).

Sulfierte Öle

Unter sulfierten Ölen versteht man Verbindungen aus ungesättigten Fettsäuren (Doppelbindungen) und Schwefelsäure H_2SO_4

Darstellung

$$CH_3-(CH_2)_7-CH=CH-(CH_2)_7-COOH + H_2SO_4$$

$$\downarrow$$

$$CH_3-(CH_2)_7-\underset{\displaystyle OSO_3H}{\underset{|}{CH}}-CH_2-(CH_2)_7-COOH$$

Zuletzt erfolgt eine Neutralisation mit NaOH, so daß aus der $-OSO_3H$-Gruppe eine $-OSO_3Na$-Gruppe entsteht. Das sulfierte Öl ist durch elektrophile Addition der Schwefelsäure an die Doppelbindung entstanden. Es kann aber auch aus folgendem »Alkohol« (Alkanol)

$$CH_3-(CH_2)_7-\underset{\displaystyle \boxed{\begin{matrix}OH\\ H\end{matrix}}-OSO_3H}{\underset{|}{CH}}-CH_2-(CH_2)_7-COOH$$

durch halbseitige Veresterung mit Schwefelsäure entstehen. Halbseitige Veresterung deshalb, da Schwefelsäure als 2basige Säure die gleiche Reaktion nochmals eingehen könnte. Bei sulfierten Ölen handelt es sich um einen Halbester.

Wirkungsweise nach Struktur

Eigenschaften

Säure-, alkali- und härtebeständig, begründet durch die Bildung einer starken Säuregruppe (Dispergiermittel).

Handelsprodukte

Rolavin P (VEB Fettchemie Karl-Marx-Stadt).

Esteröle

M Unter Esterölen versteht man Verbindungen aus sulfierten ungesättigten Fettsäuren, die mit Alkanolen verestert sind.

Darstellung

$$CH_3-(CH_2)_5-\underset{\displaystyle OH}{\underset{|}{CH}}-CH_2-CH=CH-(CH_2)_7-COOH + H_2SO_4$$

Ricinolsäure (12-Hydroxy-octadec-9-en-säure)

$$\downarrow$$

$$CH_3-(CH_2)_5-\underset{\displaystyle OSO_3H}{\underset{|}{CH}}-CH_2-CH=CH-(CH_2)_7COOH + H_2O$$

sulfierte Ricinolsäure + C_4H_9OH (Butanol)

$$\downarrow$$

$$CH_3-(CH_2)_5-\underset{\displaystyle OSO_3H}{\underset{|}{CH}}-CH_2-CH=CH-(CH_2)_7-COO-C_4H_9 + H_2O$$

Esteröl

Zum Schluß wird wieder mit NaOH neutralisiert, so daß aus der $-OSO_3H$-Gruppe eine $-OSO_3Na$-Gruppe entsteht.

Eigenschaften

Kein besonders gutes Waschmittel, jedoch als sehr gutes Netz- und Dispergiermittel säure-, alkali- und härtebeständig.

Alkylsulfate

Unter Alkylsulfaten versteht man Verbindungen aus höheren Alkanolen und Schwefelsäure bei abschließender Neutralisation mit NaOH unter Austritt von Wasser.

Darstellung

$$\boxed{C_{12}-C_{22}}-CH_2OH + H_2SO_4 \rightarrow \boxed{C_{12}-C_{22}}-CH_2O-SO_3H + H_2O$$

höheres Alkanol

$$\boxed{C_{12}-C_{22}}-CH_2O-SO_3H + NaOH \rightarrow \boxed{C_{12}-C_{22}}-CH_2O-SO_3Na + H_2O$$

Alkylsulfat

Wirkungsweise nach Struktur

Hydrophober Rest:

$C_{12} \ldots C_{14}$ Kaltwaschmittel

$C_{15} \ldots C_{18}$ Heißwaschmittel

$C_{19} \ldots C_{22}$ Weichmacher.

Eigenschaften

Als Kalt- und Heißwaschmittel sehr härtebeständig. Die Härtebeständigkeit nimmt allerdings mit steigendem hydrophobem Rest rasch ab. Ein Fettalkoholsulfat mit C_{19} ist härteempfindlich.

Alle Alkylsulfate sind beständig gegen Säuren und Alkalien. Wenn die Chemikalien allerdings in hohen Konzentrationen und bei hohen Temperaturen einwirken, kommt es zur Spaltung des Esters (Verseifung).

Handelsprodukte

Waschmittel

Ditalan-Marken (VEB Fettchemie Karl-Marx-Stadt),
Limpigen-Marken Waschmittel/Fettlöser (VEB Fettchemie Karl-Marx-Stadt),
Transferin W (VEB Dresden-Chemie),
Sapidan FA (VEB Dresden-Chemie).

Weichmacher

Marvelan P (VEB Fettchemie Karl-Marx-Stadt),
Cerafil HMG (VEB Dresden-Chemie).

Alkylsulfonate (Mersolate)

Unter Alkylsulfonaten versteht man die Natriumsalze von Alkylsulfonsäuren.

Darstellung

$$
\begin{array}{l}
\quad\;\; H \\
\quad\;\; | \\
R_1 - C - R_2 \\
\quad\;\; | \\
\quad\;\; H
\end{array}
$$

Alkan als gesättigter Kohlenwasserstoff mit einem Alkylrest $C_{14} \ldots C_{16}$

$$\downarrow$$

$$
\begin{array}{l}
\quad\;\; H + SO_2 + Cl_2 \\
\quad\;\; | \\
R_1 - C - R_2 + HCl \\
\quad\;\; | \\
\quad\;\; SO_2Cl
\end{array}
$$

sulfochloriertes Alkan (Mersol)

$$\downarrow$$

$$
\begin{array}{l}
\quad\;\; H + 2NaOH \\
\quad\;\; | \\
R_1 - C - R_2 + NaCl + H_2O \\
\quad\;\; | \\
\quad\;\; SO_3Na
\end{array}
$$

Na-Alkylsulfonat (Mersolat)

Der Begriff Mersolat wurde nach dem Herstellungsort Merseburg geprägt, wo diese Produkte zuerst entwickelt wurden.

Eigenschaften

Alle Mersolate wirken auf Faserstoffe stark entfettend und haben eine geringe Schmutztragewirkung. Alle Mersolate sind stark hygroskopisch. Sie zeigen außerdem gute Netz- und Emulgierwirkung sowie eine gute Härtebeständigkeit.

Verwendungszweck

Mersolate werden insbesondere als Waschmittel mit starker Dispergierwirkung eingesetzt. Auch Kombinationen mit Fettlöser sind möglich.

Handelsprodukte

Waschmittel

Spellin (VEB Fettchemie Karl-Marx-Stadt),
Wofapon W und DL (VEB Chemiekombinat Bitterfeld),
Degosil (VEB Chemiekombinat Bitterfeld),
Emulgator 30 (WAS mit Emulgierwirkung),
Konzentrat W 50 (VEB Leuna-Werke »Walter Ulbricht«),
Melavin B (VEB Leuna-Werke »Walter Ulbricht«),
Syntapon EP (VEB Dresden-Chemie).

Netz-, Dispergiermittel

Pyridit VDT (vorm. Rudolf & Co. Zittau).

Alkylarylsulfonate

Bau: Hierbei geht es um Produkte, deren hydrophober Rest nicht nur aus einem kettenförmigen Alkylrest besteht, sondern eine Kombination zwischen einem Alkyl- und einem Arylrest (ringförmiger Rest) darstellt.

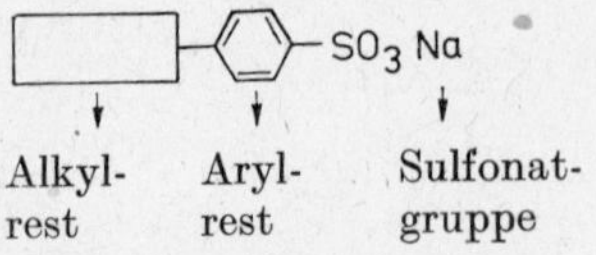

SO_3 Na

Alkylrest — Arylrest — Sulfonatgruppe

Darstellung

$$\boxed{C_{12} \cdots C_{14}}-Cl + C_6H_6 \xrightarrow[AlCl_3]{40°C} \boxed{C_{12} \cdots C_{14}}-C_6H_5 + HCl$$

Monochlor-alkan — Benzen — Alkyl-Aryl

$$\boxed{C_{12} \cdots C_{14}}-C_6H_5 + H_2SO_4 \text{ Konz.} \longrightarrow \boxed{C_{12} \cdots C_{14}}-C_6H_4-SO_3H + H_2O$$

$-SO_3H$
Alkylarylsulfonsäure

Abschließend erfolgt eine Neutralisation mit 35%iger NaOH, wobei aus der $-SO_3H$-Gruppe (Sulfonsäuregruppe) eine SO_3Na-Gruppe (Sulfonatgruppe) entsteht.

Eigenschaften

Alle Alkylarylsulfonate sind säure- und basenbeständig. Außerdem beständig gegen Einwirkung von Härtebildnern.

V

Verwendungszweck

Je nach Kettenlänge des Alkylrestes und Größe des Arylrestes werden Alkylarylsulfonate als Netz-, Dispergier- und Waschmittel eingesetzt.

Handelsprodukte

Stokopol N 56 (VEB Polychemie Limbach-Oberfrohna)	Waschmittel,
Neopermin N und L (vormals Pott, jetzt VEB Chemiewerk Agrotex, Pirna-Neundorf)	Waschmittel,
Präwozell F-A (VEB Chemische Werke Buna)	Egalisiermittel,
Wotamol WS (VEB Chemiekombinat Bitterfeld)	Egalisiermittel,
Talfurol (VEB Dresden-Chemie)	Weichmacher.

6.10. Kationaktive Tenside

6.10.1. Aufbau

Kationaktive Tenside auf Basis von Halogenalkanen

Darstellung

$$\boxed{C_{16}H_{33}}-Br + N(CH_3)_3 \rightarrow \left[\boxed{C_{16}H_{33}}-\overset{\oplus}{N}(CH_3)_3\right]^{\oplus} Br^{\ominus}$$

Hexadecylbromid — Trimethylamin — Farbstoffabziehmittel Hexadecyl-trimethyl-ammonium-bromid

Kationaktive Tenside auf Basis höherer Alkansäuren

Darstellung 1

$$C_{17}H_{35}COOH + H_2N-CH_2-CH_2N(C_2H_5)_2 \longrightarrow C_{17}H_{35}CO-NH-CH_2-CH_2-N(C_2H_5)_2 + H_2O$$

Octadecansäure — N,N-Diethyl-ethylendiamin — Zwischenprodukt durch Kondensation N,N-Diethyl-N'-octadecanoyl-ethylendiamin

Wasserlöslichmachen durch HCl:

$$\left[C_{17}H_{35}-CO-NH-CH_2-\overset{\oplus}{N}\begin{matrix} C_2H_5 \\ C_2H_5 \\ H \end{matrix}\right]^{\oplus} Cl^{\ominus}$$

Hydrochlorid des Kondensationsproduktes
Nachbehandlungsmittel für Färbungen

Darstellung 2

$$N\begin{matrix} C_2H_4OH \\ C_2H_4OH \\ C_2H_4OH \end{matrix} + HOOC-C_{17}H_{35}$$

Triethanolamin Octadekansäure

$$\downarrow$$

$$N\begin{matrix} C_2H_4OH \\ C_2H_4OH \\ C_2H_4-OOC-C_{17}H_{35} \end{matrix} + H_2O$$

$$\downarrow + HCOOH$$

$$\left[H-\overset{\oplus}{N}\begin{matrix} C_2H_4OH \\ C_2H_4OH \\ C_2H_4-OOC-C_{17}H_{35} \end{matrix}\right]^{\oplus} {}^{\ominus}OOCH$$

V Weichmacher

Handelsprodukte

Marvelan SF-Typ (VEB Fettchemie Karl-Marx-Stadt)
Cerafil PED (VEB Dresden-Chemie).

Kationaktive Tenside auf Basis von Pyridin

M Pyridin ist eine heterocyclische Kohlenwasserstoffverbindung mit der Summenformel C_6H_5N

Struktur:

(Pyridin-Ring mit N)

Seine Gewinnung erfolgt aus dem Steinkohlenteer (fraktionierte Destillation) oder synthetisch aus Ethin (C_2H_2) und Ammoniak (NH_3). Das Pyridin hat einen Siedepunkt von 115 °C und ist mit Wasser mischbar.

Darstellung

$$C_{16}H_{33}-Cl + C_5H_5N \longrightarrow \left[C_{16}H_{33}-\overset{\oplus}{N}C_5H_5\right]^{\oplus} Cl^{\ominus}$$

Hexadecylchlorid Pyridin Hexadecyl-pyridiniumchlorid

V Nachbehandlungsmittel für substantive Färbungen auf Cellulosefaserstoffen.

Anmerkung

Alle kationenaktiv Nachbehandlungsmittel für substantive Färbungen zeigen Wechselbeziehungen zu Farbstoffanionen (z. B. alle substantiven Farbstoffe). Sie bilden mit diesen sehr schwer lösliche Verbindungen:

$$\left[\mathrm{Fb{-}SO_3}\right]^{\ominus}_{\mathrm{Na^+}} + \left[\mathrm{R{-}N}\begin{smallmatrix}\mathrm{R}\\ \mathrm{R}\\ \mathrm{H}\end{smallmatrix}\right]^{\oplus}_{\text{Säurerest}^{\ominus}} \longrightarrow \left[\mathrm{Fb{-}SO_3}\right]^{\ominus} - \left[\mathrm{R{-}N}\begin{smallmatrix}\mathrm{R}\\ \mathrm{R}\\ \mathrm{H}\end{smallmatrix}\right]^{+}$$

Farbstoff — kationaktives Nachbehandlungsmittel — Reaktionsprodukt zwischen Farbstoff und kationischem Nachbehandlungsmittel

E

6.10.2. Besonderheiten und Eigenschaften

Verhalten gegen textile Faserstoffe

$$\left[\square\!\!-\!\!\bigcirc \quad H_2O \quad H_2O\right]^{\oplus}_{\ominus}$$

E

Da der Hauptteil eines kationaktiven Textilhilfsmittels positiv geladen ist und die meisten Faserstoffe in wäßriger Lösung negatives Oberflächenpotential aufweisen, so kann geschlußfolgert werden, daß alle kationaktiven Textilhilfsmittel eine gewisse Affinität zu Faserstoffen zeigen.

Aufgrund der Affinität kationaktiver Textilhilfsmittel sind diese besonders als Weichmacher für Synthesefaserstoffe geeignet, nicht dagegen als Waschmittel. M

Die kationaktiven Weichmacher bewirken gleichzeitig einen antielektrostatischen Effekt speziell für synthetische Faserstoffe, da es bei der elektrostatischen Aufladung dieser Faserstoffe zur Ansammlung kleinster negativer Teilchen (Elektronen) auf der Faseroberfläche kommt. M

$$\left[\square\!\!-\!\!\bigcirc\right]^{\oplus}_{\ominus} \longleftrightarrow \begin{smallmatrix}\ominus\ \ominus\ \ominus\ \ominus\\ \ominus\ \ominus\ \ominus\end{smallmatrix}$$

kationaktives Textilhilfsmittel — elektrostatisch geladene Synthesefaser

Aufhebung der Ladungsunterschiede

E

Alle kationaktiven Textilhilfsmittel sind basenempfindlich, da immer eine Base den hydrophoben Teil (in der eckigen Klammer) in Freiheit setzt und das Metallatom der Base sich sofort mit dem negativ geladenen Säurerest zu einem Salz verbindet. ■ V

6.11. Nichtionogene Tenside

6.11.1. Aufbau

Nichtionogene Tenside stellen Additionsprodukte aus Ethenoxid und Fettalkoholen, Fettsäuren oder Alkylarylverbindungen dar. Die jeweiligen polyaddierten Ethenoxidmoleküle am Gesamtprodukt ergeben den hydrophilen Teil. Da dieser keinerlei M

Dissoziationsverhältnisse ausweist, dissoziieren alle nichtionogenen Textilhilfsmittel nicht und zeigen somit nichtionogenen Charakter (elektrisch neutral). Siehe Abschnitt 6.5.!

Oxyethylierungsprodukte auf Basis von Fettalkoholen (höhere Alkanole)

Darstellung

$$\boxed{}-CH_2OH + n\,\underset{\diagdown O \diagup}{CH_2-CH_2} \rightarrow \boxed{}-CH_2O-(CH_2-CH_2-O-)_nH$$

Fettalkohol (höheres Alkanol) — Ethenoxid

Oxyethylierungsprodukte auf Basis von höheren Alkansäuren

Darstellung

$$\boxed{}-COOH + n\,\underset{\diagdown O \diagup}{CH_2-CH_2} \rightarrow \boxed{}-COO-(CH_2-CH_2-O-)_nH$$

Höhere Alkansäure — Ethenoxid

Oxyethylierungsprodukte auf Basis von Alkylarylverbindungen

Darstellung

$$\boxed{}-C_6H_4-OH + n\,\underset{\diagdown O \diagup}{CH_2-CH_2} \longrightarrow \boxed{}-C_6H_4-O-(CH_2-CH_2-O-)_nH$$

Alkylphenol — Ethenoxid

6.11.2. Eigenschaften

Die Eigenschaften eines jeden nichtionogenen Tensids, ganz gleich, auf welcher Basis es aufgebaut ist, sind von der Art und Länge des hydrophoben Restes sowie von der Anzahl (n) der zu addierten Ethenoxidmoleküle (hydrophiler Teil) abhängig.

1. Bei einem längeren hydrophoben Rest (C = 12) und wenigen hydrophilen Gruppen ($n = 4 \ldots 6$) übt das Tensid die Wirkung eines öllöslichen Emulgators aus:

Ⓔ $$\boxed{C_{12}H_{25}}-C_6H_4-O-(CH_2-CH_2-O-)_6H$$ öllöslicher Emulgator

2. Läßt man im selben Fall die Zahl der angelagerten Ethenoxidmoleküle auf $n = 20$ anwachsen, so geht die Wirkung in Richtung wasserlöslicher Emulgator:

Ⓔ $$\boxed{C_{12}H_{25}}-C_6H_4-O-(CH_2-CH_2-O-)_{20}H$$ wasserlöslicher Emulgator

3. Wird der hydrophobe Rest (vom letzten Beispiel ausgehend) auf $< C_{12}$ verringert, geht die Wirkung in Richtung Waschmittel.

Beachten Sie gleichzeitig, daß besonders bei nichtionogenen Weichmachern wegen fehlender Dissoziation bei Temperaturerhöhung die Löslichkeit nachläßt und die Lösung sich folglich trübt. Das ist um so deutlicher sichtbar, je länger der hydrophobe Teil der Verbindung ist.

Hohe Temperatur: Trübung des Produktes in Lösung (80...90 °C)

↓

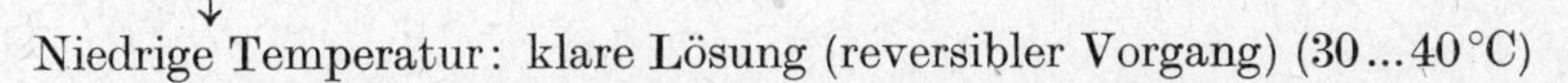

Niedrige Temperatur: klare Lösung (reversibler Vorgang) (30...40 °C)

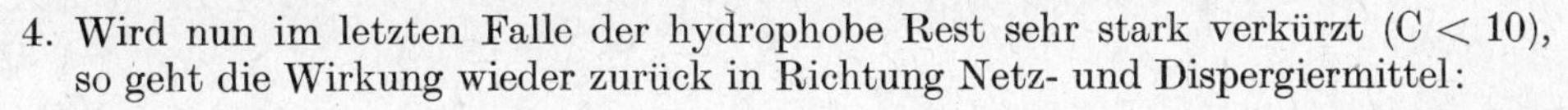

4. Wird nun im letzten Falle der hydrophobe Rest sehr stark verkürzt (C < 10), so geht die Wirkung wieder zurück in Richtung Netz- und Dispergiermittel:

$$\boxed{C_7H_{15}}-C_6H_4-O-(CH_2-CH_2-O-)_{20}H$$

Netz- und Dispergiermittel

5. Alle nichtionogenen Egalisiermittel (teilweise auch Waschmittel) haben farbstoffaffinen Charakter:

$$\boxed{}-COO-(CH_2-CH_2-O-)_nH$$

$$H_2O \quad H_2O \quad\quad H_2O \quad H_2O \quad H_2O$$

Wenn an bezeichneten Stellen des Adduktes eine Wasseranlagerung möglich ist, ist auch eine Farbstoffanlagerung garantiert. Das bedeutet für die Praxis in der Färberei und Druckerei:

Die Tenside binden bei niedriger Temperatur (30...40 °C) zunächst einen großen Teil des Farbstoffes an sich und geben diesen bei höheren Temperaturen wieder langsam über die Flotte bzw. Druckpaste an die Faser ab.
Resultat: Gleichmäßiges Auffärben oder Aufdrucken, egale Färbung, egaler Druck.
In diesem Fall würde auch ein nichtionogenes Waschmittel egalisierend wirken.

6. Alle nichtionogenen Textilhilfsmittel zeigen wegen der fehlenden Dissoziation eine gute Säure-, Alkali- und Härtebeständigkeit.

   Prägen Sie sich alle 6 Beziehungen sehr gut ein!

6.11.3. Handelsprodukte

Egalisiermittel

Wofalansalz (VEB Chemiekombinat Bitterfeld),
Präwozell F-O (VEB Chemische Werke Buna).

Waschmittel

Präwozell W-ON (VEB Chemische Werke Buna),
Leuna Ri 51 (VEB Leuna-Werke »Walter Ulbricht«).

Weichmacher

Smotilon O (VEB Fettchemie Karl-Marx-Stadt),
Permastat 17 (VEB Dresden-Chemie),
Mervelan PE (VEB Fettchemie Karl-Marx-Stadt),
Smotilon S (VEB Fettchemie Karl-Marx-Stadt).

Wotamol MF und Wofalansalz sind Egalisiermittel beim Färben von Wolle mit 1:2-Metallkomplexfarbstoffen (Wofalanfarbstoffe und andere entsprechende Typen).

In der folgenden Übersicht erhalten Sie nochmals eine Gesamtzusammenstellung aller in den einzelnen Abschnitten behandelten grenzflächenaktiven Stoffe bzw. Tenside nach ihrer chemischen Grundstruktur.

Übersicht aller Strukturbilder von grenzflächenaktiven Stoffen (Tenside)

1. Anionaktive Tenside

Seifen — $\ominus \oplus$

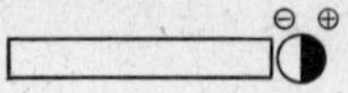

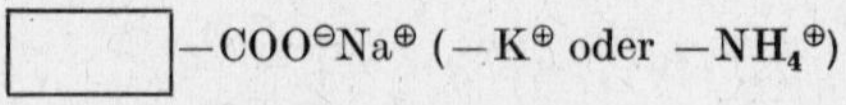

$-COO^{\ominus}Na^{\oplus}$ ($-K^{\oplus}$ oder $-NH_4^{\oplus}$)

Sulfierte Öle — $-COOH$, $OSO_3^{\ominus}Na^{\oplus}$

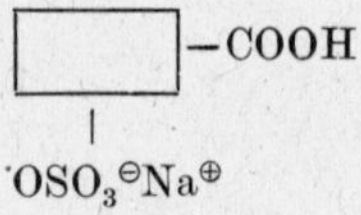

Esteröle — $-COO-R$ R $\triangleq$ Alkylrest, $OSO_3^{\ominus}Na^{\oplus}$

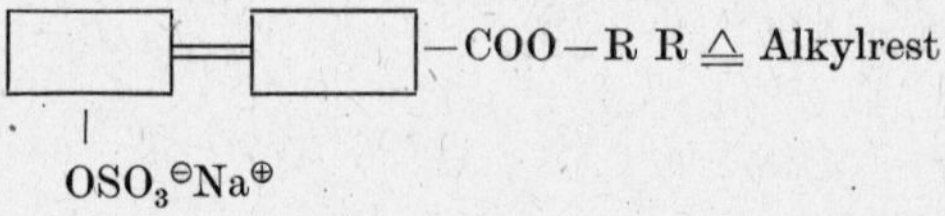

Alkylsulfate (Fettalkoholsulfate FAS) — $-CH_2O-SO_3^{\ominus}Na^{\ominus}$

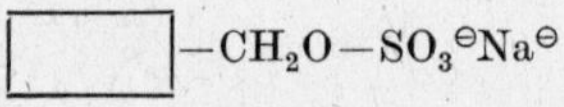

Alkylsulfonate (Mersolate) — $SO_3^{\ominus}Na^{\oplus}$

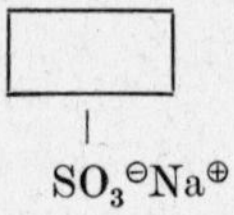

Alkylarylsulfonate — $-SO_3^{\ominus}Na^{\oplus}$

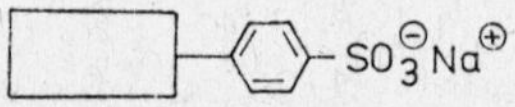

2. Nichtionogene Tenside

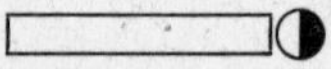

Oxyethylierungsprodukte auf Basis höherer Alkansäuren — $-COO-(CH_2-CH_2-O-)_nH$

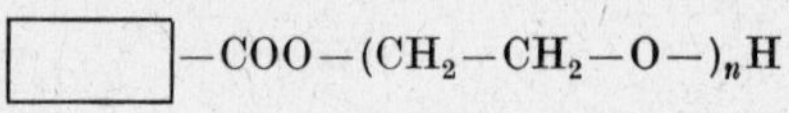

Oxyethylierungsprodukte auf Basis höherer Alkanole — $-CH_2O-(CH_2-CH_2-O-)_nH$

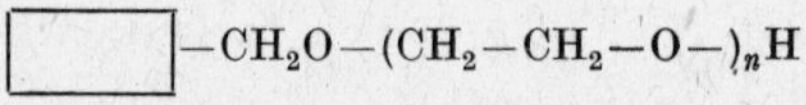

Oxyethylierungsprodukte auf Basis von Alkylarylverbindungen — $-O-(CH_2-CH_2-O-)_nH$

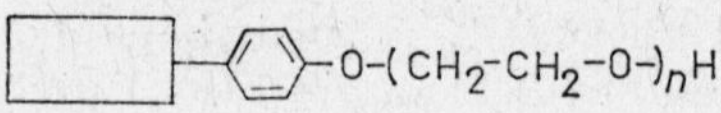

3. Kationaktive Tenside

$[\quad]^{\oplus}_{\ominus}$ Halogen- oder anderes Säurerestanion

Prägen Sie sich deshalb diese Strukturbilder sehr gut ein!

6.12. Bestimmung der Gruppenzugehörigkeit grenzflächenaktiver Textilhilfsmittel (THM)

Nachweis anionaktiver, kationaktiver und nichtionogener Textilhilfsmittel (Vorproben) nach *Linsenmeyer*

1%ige Lösung des zu untersuchenden Textilhilfsmittels wird versetzt mit:

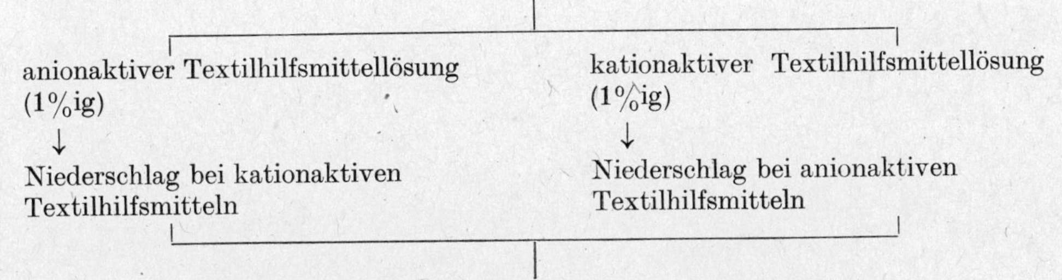

Ist bei beiden Prüfungen kein Niederschlag zu verzeichnen, handelt es sich um ein nichtionogenes Textilhilfsmittel.

Versetzt man weiterhin eine 1%ige kationaktive Textilhilfsmittellösung mit einer 5%igen Nitroprussidnatrium-Lösung, so entsteht ein gelblich-orange-brauner Niederschlag.
Versetzt man eine 1%ige anionaktive Textilhilfsmittellösung mit einer $(CH_3COO)_3$-Al-Lösung, so erhält man einen weiß-gelblichen Niederschlag.
Versetzt man eine 1%ige nichtionogene Textilhilfsmittellösung mit einer Ammoniumkobaltrhodanid-Lösung (14,7 g NH_4SCN + 2,8 g $CO(NO_3)_2$ werden in 1000 ml Aqua dest. gelöst), so entsteht eine blaue Fällung, deren Farbe nach der 10fachen Verdünnung mit Aqua dest. nach Rosa umschlagen muß. Findet kein Farbumschlag statt, so ist nochmals auf eine kationaktive Substanz zu überprüfen.

Untersuchungsschema zur Feststellung der Gruppenzugehörigkeit (Hauptprüfungen)

1. Seifen und Fettlöserseifen,
2. Sulfierte Öle,
3. Hochsulfierte Öle,
4. Alkylarylsulfonate,
5. FAS,
6. Alkylsulfonate (Mersolate),
7. Fettsäurekondensationsprodukte,
8. Fettsäureeiweißkondensationsprodukte,
9. Ethenoxidadditionsprodukte.

Alle Reaktionen sind mit geringen Substanzmengen durchzuführen (30 mg = Spatelspitze bei festen Produkten, 3 bis 5 Tropfen bei flüssigen Produkten)!

1. Die Substanz wird in 1 ml destilliertem Wasser gelöst und mit 3 ml 5%iger CH_3COOH aufgekocht.
2. Die Substanz wird nach Auflösen in 1 ml Wasser mit 10 ml $CaCl_2$ (20 °dH) aufgekocht.

Zersetzung der Fällung 1. und 2. Gruppe	Keine Zersetzung 3. bis 9. Gruppe Substanzmenge in 1 ml H_2O dest. lösen und kalt 1 Tropfen 25%ige HCl zusetzen.		
	Starke Trübung 3. und 8. Gruppe	Keine Zersetzung 4., 5., 6., 7. und 9. Gruppe Substanzmenge in 2 ml H_2O dest. lösen, mit 5 ml 25%iger HCl dreimal aufkochen, dazwischen etwa 3 min stehenlassen, dann in 10 ml kaltes H_2O dest. gießen und umrühren.	
		Starke Trübung: 4. und 5. Gruppe	Keine Zersetzung 6., 7. und 9. Gruppe
Trennung A	*Trennung B*	*Trennung C*	*Trennung D*

Trennung A

Substanz (trocken) in Alkohol lösen, filtrieren, eindampfen und veraschen. Bei der 2. Gruppe ist der Sulfatnachweis in der Asche positiv.

Durchführung

Das unbekannte Textilhilfsmittel trocknet man zunächst, da es wasserfrei sein muß. Dann wird es in Alkohol gelöst (meist verwendet man dazu Methanol CH_3OH), wobei sich alle alkoholischen Substanzen lösen. Die unlöslichen Substanzen werden dann durch Filtrieren beseitigt. Danach wird der Methanolauszug eingedampft, so daß das reine Textilhilfsmittel vorliegt. Die feste Textilhilfsmittelsubstanz wird jetzt verascht, die Asche in dest. Wasser gelöst und mit $BaCl_2$-Lösung auf Sulfationen geprüft. Bei der 2. Gruppe ist der Nachweis positiv, bei der ersten Gruppe negativ. Trennung 2. und 3. Gruppe: In kaltem Wasser netzt die 3. Gruppe besser als die 2. Gruppe.

Trennung B

Die Biuretreaktion ist bei der 8. Gruppe positiv.

Durchführung

Der Probe werden 1 bis 2 Tropfen 10%ige $CuSO_4$-Lösung und etwas NaOH zugesetzt.
Wird darauf erwärmt, entsteht bei Eiweißanwesenheit eine violette Färbung.

Trennung C

4. Gruppe ergibt nach Zusatz von einer $CuSO_4$-Lösung eine Fällung (blaugrün).

Trennung D

Bei Prüfung der 7. Gruppe fällt der NH_3-Nachweis positiv aus (Kochen mit 25%iger NaOH und Nachweis der Dämpfe, die in ein zweites Reagenzglas geleitet werden, mit *Neßlers* Reagens). In Alkohol gelöst, filtriert, verascht, positiver SO_4-Nachweis in der Asche.
Die 9. Gruppe ergibt keinen Ascherrückstand, bei Zusatz von Phenol-Lösung entsteht ein wäßriger, käsiger Niederschlag.

Trennung 5. und 7. Gruppe

Die Textilhilfsmittel der 7. Gruppe entfärben eine 0,1n $KMnO_4$-Lösung (Umschlag nach Gelb.) Substanzmenge wird in 5 ml dest. Wasser gelöst und mit 5 Tropfen einer 0,1n $KMKnO_4$-Lösung versetzt (Ausnahme Oleinalkoholsulfate).

Trennung 5. und 6. Gruppe

Kochen mit 25%iger HCl. Die Textilhilfsmittel der 5. Gruppe weisen eine Zersetzung auf (an der Oberfläche dunkle Abscheidungsprodukte). Die Textilhilfsmittel der 6. Gruppe sind beständig. Vorhandensein einer Emulsion und einer Schaumbildung beim Schütteln.

Aufgaben

1. Begründen Sie, daß sich ein Wassertropfen auf einer Glasunterlage (rund) durch Zugabe eines Tropfens einer Tensidlösung ausbreitet!
2. Was versteht man unter orientierter Adsorption von Tensidmolekülen? Veranschaulichen Sie diesen Vorgang durch eine Skizze!
3. Ermitteln Sie die Wirkungsweise von Tensiden mit folgender Struktur!

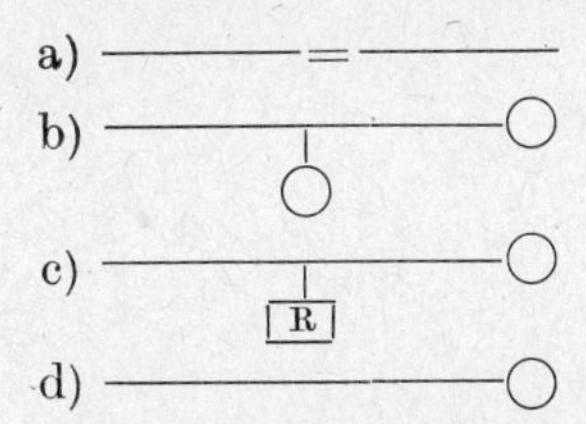

   Lassen Sie sich von Ihrem Fachlehrer für die hydrophoben Reste der Strukturbilder die entsprechenden C—H-Zahlen angeben! Tragen Sie diese dort ein!
4. Warum setzt man kationaktive Tenside bevorzugt als Weichmacher für Synthesefaserstoffe ein?
5. Begründen Sie, daß man kationaktive Tenside nicht als Waschmittel einsetzen kann!
6. Wonach richtet sich die Wirkungsweise nichtionogener Tenside?
7. Warum unterliegen Seifen der Hydrolyse und warum sind sie nicht säure- und härtebildnerbeständig? Begründen Sie dies durch 3 chemische Gleichungen!
8. Was versteht man unter Netzen, Dispergieren und Emulgieren?
9. Welche Rolle spielt bei den 3 Vorgängen von Aufgabe 8 die orientierte Adsorption der betreffenden eingesetzten Tenside?
10. Wodurch unterscheidet sich eine echte Lösung von einer kolloiden Lösung?
11. Was sind Emulsionen und welcher Unterschied besteht dabei zwischen einem WO- und OW-Typ?
12. Beschreiben Sie ausführlich Ihre Beobachtungen über den auf dem Lichtschreiber durchgeführten Versuch zur Darstellung einer Emulsion vom WO-Typ!
13. Erklären Sie die Geschmeidigkeit einer textilen Fläche nach der Behandlung mit einem Weichmacher!
14. Zeichnen Sie in 4 Bildern die Wirkungsweise von WAS-Molekülen in wäßriger Lösung auf die Schmutzteilchen einer verschmutzten textilen Fläche!

15. Welche Wirkungsweise zeigen die 2 nichtionogenen Tenside mit folgender Struktur:

a) $C_{15}H_{31}-C_6H_4-O(-CH_2-CH_2-O-)_{20}H$

b) $C_8H_{17}-C_6H_4-O(-CH_2-CH_2-O-)_{20}H$

16. Begründen Sie, daß nichtionogene Tenside Polyadditionsprodukte sind. Erläutern Sie dabei den Begriff Polyaddition!
17. Warum zeigen nichtionogene Tenside als Weichmacher eine Temperaturempfindlichkeit und welche Rolle spielt dabei der Trübungspunkt einer solchen Lösung?
18. Wie können Sie anionaktive, kationaktive und nichtionogene Tenside voneinander unterscheiden? Warum sind alle Tensidlösungen kolloide Dispersionen?

7. Farbstoffe

7.1. Entstehung einer Farbe

Die Farbigkeit eines Stoffes wird durch chemisch-physikalische und auch physiologische Prozesse hervorgerufen. Die Ursache des Farbigsehens und des Sehens überhaupt ist das Vorhandensein des Lichtes. Jeder Körper ist mehr oder weniger in der Lage, das von der Sonne ausgestrahlte Licht zu reflektieren bzw. zu absorbieren. Das ist wiederum vom strukturellen Aufbau, der Oberflächenbeschaffenheit sowie den Lichtverhältnissen abhängig. Glatte Oberflächen können besser reflektieren als rauhe. Im Schatten wird ein Gegenstand eine andere Farbe aufweisen als im direkten Sonnenlicht.
Trifft nun das energiereiche Sonnenlicht auf einen farbigen Körper auf, so werden die Elektronen ganz bestimmter chemischer Gruppen, die alle Mehrfachbindungen aufweisen, angeregt, ihre Elektronenbahnen zu verlassen, um bei Energiestop wieder in ihre alte Bahn zurückzukehren. Damit muß aber auch das auf den farbigen Körper auffallende Licht eine ganz bestimmte Wellenlänge haben, die er dann absorbiert. Dasjenige Licht, was zurückgestrahlt wird und auf unser Auge trifft, empfindet man dann als Farbe. Im menschlichen Auge sind es die Zapfenzellen, die für das Farbsehen verantwortlich sind. Im Bild 7/1 ist die Brechung von Sonnenlicht durch einen Glasprismenkörper dargestellt.

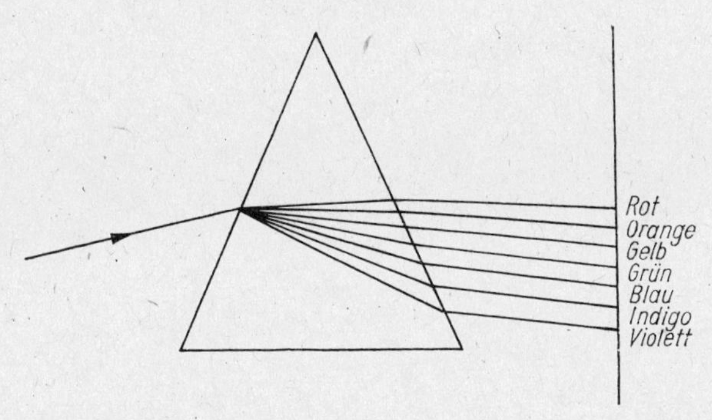

Bild 7/1. Brechung von Sonnenlicht durch einen Glasprismakörper

Wenn weißes Sonnenlicht auf einen Glasprismakörper auftrifft, wird es durch die Brechung in seine 7 Spektralfarben zerlegt (Bild 7/1). Eine solche Zerlegung des Lichtes ist von der Erscheinung des Regenbogens bekannt, bei dem das Sonnenlicht durch die Wassertropfen zerlegt wird.
Von den oben entstandenen Spektralfarben ist es nun möglich, bestimmte Anteile des farbigen Lichtes durch Spiegel abzulenken.
Würde beispielsweise der Gelbanteil des Lichtes abgelenkt, dann hinterließen die gesammelten restlichen Lichtstrahlen den Farbeindruck Indigo. Demnach kann man sich das weiße Tageslicht aus gelbem indigofarbigem Licht zusammengesetzt vor-

stellen, und durch Addition von gelben und violettfarbigen Lichtstrahlen muß daher wieder weißes Licht entstehen. Solche Farbpaare, die sich bei der additiven Farbmischung zu Weiß ergänzen, werden Komplementärfarben genannt. Die Wellenlänge aller Lichtstrahlen wird in nm gemessen (siehe Physiklehrbuch der 10. Klasse der POS, Kapitel Lichtbrechung).

Wellenlänge in nm	Farbe	Komplementärfarbe
800	purpur	grün
750	rot	grün
650	rotorange	blaugrün
600	orange	blau
550	blaugrün	purpur
500	blau	rot
450	blau	orange
420	indigo	gelb
400	violett	gelbgrün

Ein Farbstoff, der den roten Anteil des Lichtes absorbiert, remittiert daher die blaugrüne Strahlung und vermittelt dem Auge den Farbeindruck blaugrün (siehe Übersicht).

7.2. Aufbau eines Farbstoffes

Viele organisch-chemische Verbindungen absorbieren Licht im ultravioletten Bereich des Spektrums und erscheinen farblos. Farbige Verbindungen dagegen zeigen eine Lichtabsorption im sichtbaren Bereich zwischen der Wellenlänge 400...800 nm. Für diese Lichtabsorption und damit die Farbigkeit sind π-Elektronen in Mehrfachbindungen verantwortlich. Diese werden durch Licht mit einer bestimmten Frequenz angeregt.
Solche Atomgruppen mit Doppelbindungen, die eine selektive Lichtabsorption bewirken, werden als *Chromophore* oder Farbträger bezeichnet.
Chromophore an ringförmige Systeme gebunden werden Chromogene oder Farberzeuger genannt.
Als *Auxochrome* oder farbverstärkende Gruppen bezeichnet man solche Substituenten, die in Abhängigkeit ihrer Stellung zum Chromophor selbst die Farbe der Chromogene vertiefen bzw. verstärken. Auxochrome erzeugen jedoch allein keinen Farbton.
Die *Wasserlöslichkeit* eines Farbstoffes wird durch dissoziierende funktionelle Gruppen bewirkt, die zusätzlich am Farbstoffmolekül angelagert sind.
Für anionische Farbstoffe, die in ihrem Hauptteil negativ geladen sind, sind die wasserlöslichmachenden Gruppen meist Natriumsulfonatgruppen $-SO_3^-Na^+$. Für kationische Farbstoffe kommen das im Hauptteil positiv geladene Ammoniumkation und das negativ geladene Säurerestanion in Frage.
Nichtionische Farbstoffe sind meistenteils wasserunlöslich. Als Beispiel dafür sind die Dispersionsfarbstoffe zu nennen, die im Wasser nur dispergieren, sich aber nicht lösen. Sehr schnell lösen sich solche Farbstoffe nur in Ethanol oder Methanol.

Studieren Sie hierzu folgende Übersicht über den Bau eines Farbstoffes!

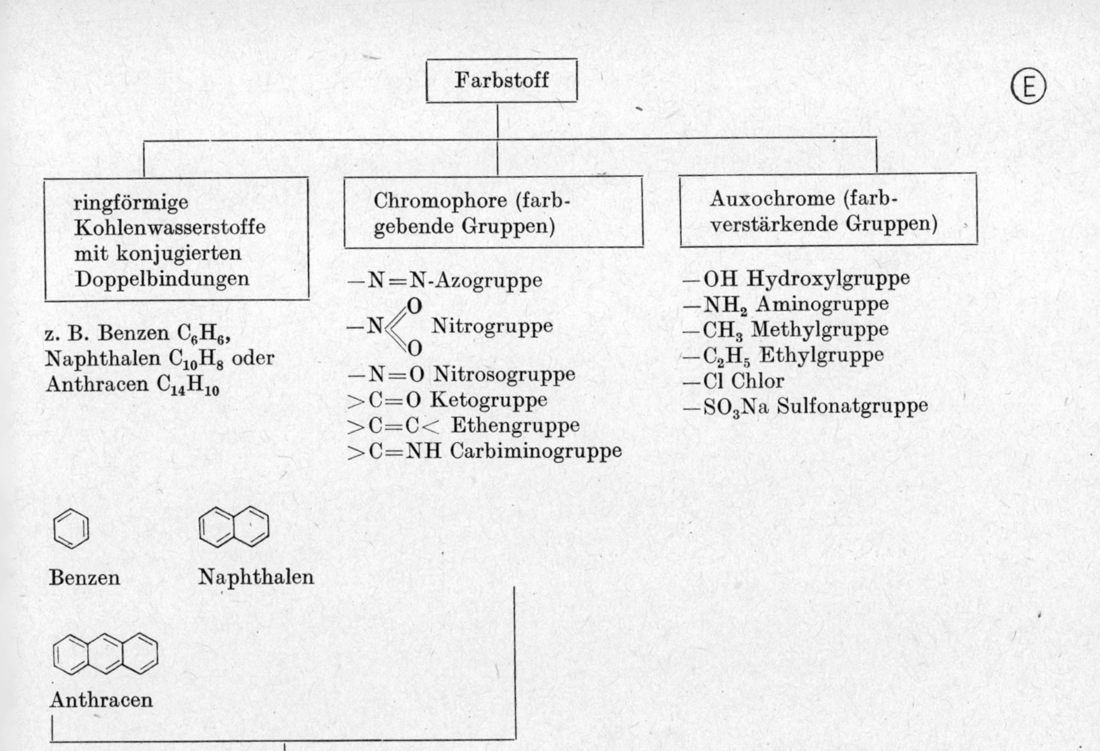

Ringförmiger Kohlenwasserstoff + chromophore Gruppe ≙ Chromogen

Ringförmiger Kohlenwasserstoff + chromophore Gruppe + auxochrome Gruppe ≙ Farbstoff

Beispiel:

Benzen → Nitrobenzen ($-NO_2$) → 1-Hydroxy-2-nitrobenzen (OH, $-NO_2$)

Benzen	Nitrobenzen	1-Hydroxy-2-nitrobenzen
C_6H_6	$C_6H_5NO_2$	$C_6H_4NO_2OH$
farblos	schwach gelb	stark gelb
	(Chromogen)	(Farbstoff jedoch nicht wasserlöslich)

Farbstoffe mit Azostruktur

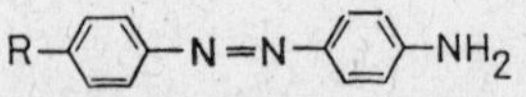

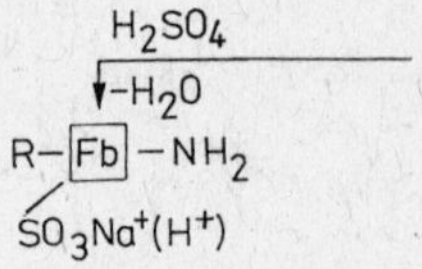

R–C₆H₄–N=N–C₆H₄–NH₂

p-Aminoazobenzenverbindung
stark farbig, wasserunlöslich
(nichtionisch)

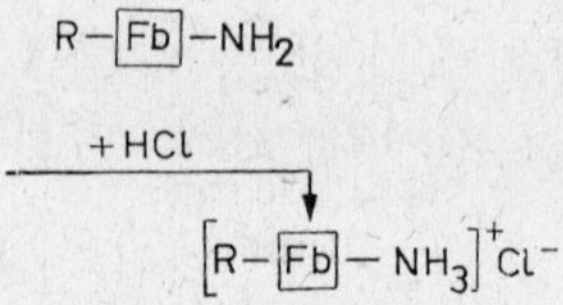

H_2SO_4, $-H_2O$: R–[Fb]–NH_2 mit $SO_3Na^+(H^+)$

R–[Fb]–NH_2 + HCl → $[R–[Fb]–NH_3]^+Cl^-$

- Monoazostruktur
  stark sauer ziehender Säurefarbstoff für Wolle
- Disazostruktur
  (2 Azogruppen)
  schwach sauer ziehender Säurefarbstoff für Wolle und Polyamidfaserstoffe
- Tris-, Tetra- und Polyazostruktur
  (3, 4 und mehr Azogruppen)
  substantiver Farbstoff mit endständiger NH_2-Gruppe
  Diazotierungsfarbstoff

Alle 3 Gruppen sind wasserlöslich und anionische Farbstoffe.

- kurzes Molekül,
  Dispersionsfarbstoffe meist Gelb-, Orange- und Rotmarken, für Acetat-, Triacetat- und Polyesterfaserstoffe
- meist großes Molekül
  Pigmentfarbstoffe für den Druck textiler Flächen

- mittellanges Molekül
  kationischer Farbstoff
  kationischer Farbstoff zum Färben von PAN-Faserstoffen (wasserlöslich)

Farbstoffe mit Anthrachinonstruktur

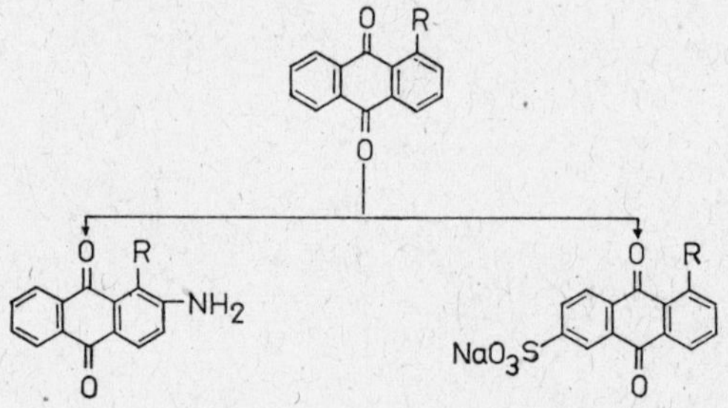

(Anthrachinon mit Substituent R; abgeleitet: Aminoanthrachinon mit R und NH_2 sowie Anthrachinon mit R und NaO_3S)

wasserunlöslicher Anthrachinonfarbstofftyp (nichtionisch)

- kurzes Molekül
  Dispersionsfarbstoffe für Acetat-, Triacetat- und Polyesterfaserstoffe
- großes Molekül
  meist Küpenfarbstoffe für Cellulosefaserstoffe

wasserlöslicher Anthrachinonfarbstofftyp (anionisch)

- kurzes Molekül
  starksauerziehender Säurefarbstoff für Wolle
- mittellanges Molekül
  schwachsauerziehender Säurefarbstoff für Wolle und Polyamidfaserstoffe
- langes Molekül
  meist substantive Farbstoffe

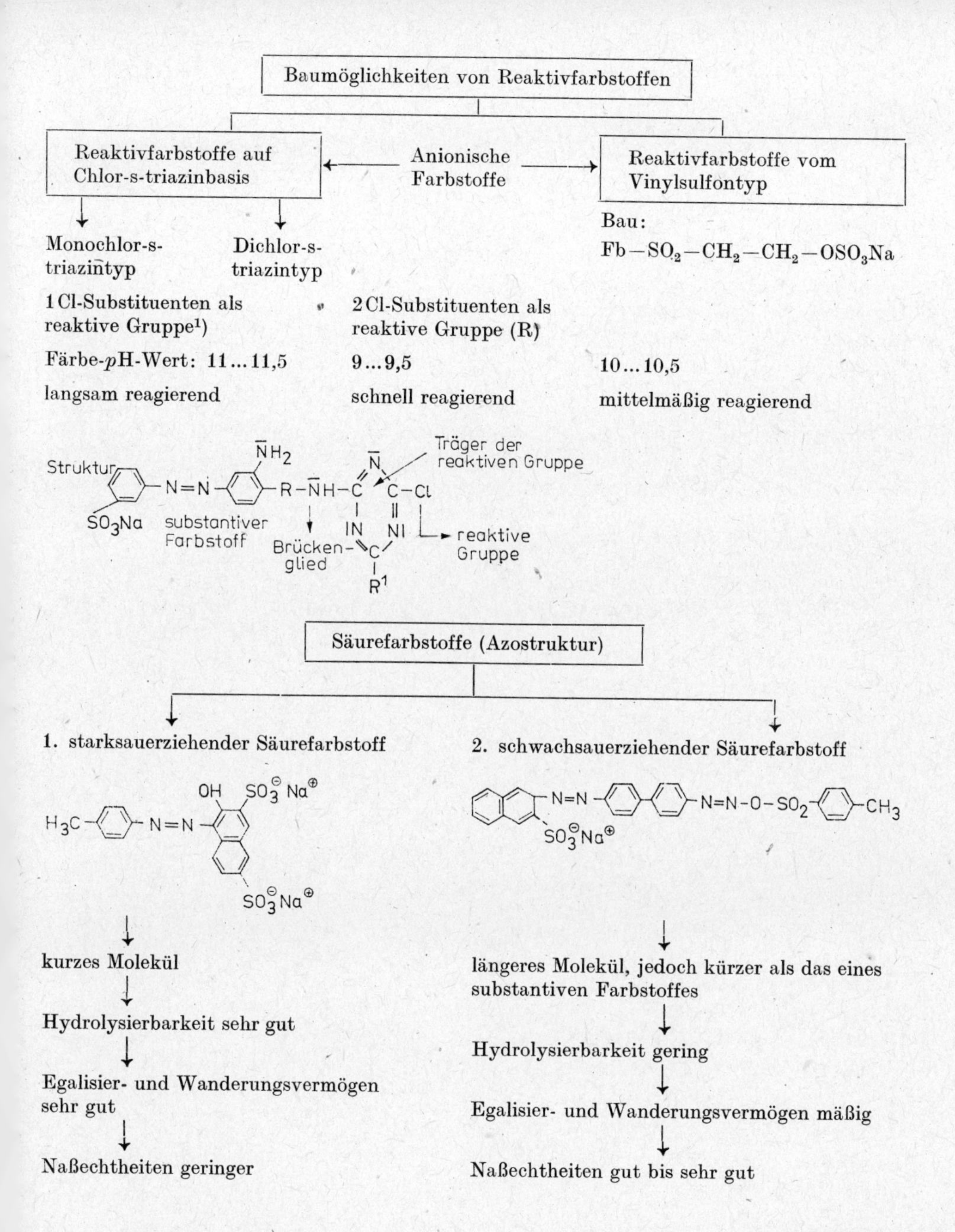

7.3. Optische Aufheller

Die optischen Aufheller sind Substanzen, die sich ähnlich wie die Farbstoffe zu den Faserstoffen verhalten. Chemisch gesehen, gehören sie unter die Gruppen der *Cumarine, Cumarone* oder *Stilbenverbindungen.* Sie haben eine fluoreszierende Wirkung,

[1]) Für Chlor als reaktive Gruppen können auch Br-Substituenten vorliegen.

die durch bestimmte chemische Gruppen (bezeichnet als *Fluoreszenzträger*) ausgelöst wird. Diese Fluoreszenzwirkung zeigt sich in der Weise, daß diese Produkte die ultravioletten Strahlenanteile des Tageslichts absorbieren und sie für das menschliche Auge in weißes sichtbares Licht umwandeln (»Lichttransformator«). Diese Strahlenumwandlung ist also ein Reflex, der den Aufhellungseffekt hervorruft. Die gelbliche Eigenfarbe eines ganz bestimmten Faserstoffes wird lediglich kompensiert (kompensieren = ausgleichen) und eine zusätzliche Menge weißes Licht remittiert. Der Grad des Aufhellungseffektes ist abhängig vom Gehalt sehr kurzwelliger Lichtstrahlen des auffallenden Lichtes.
Erarbeiten Sie sich nochmals aus dem Physiklehrbuch der 10. Klasse (Abschnitt Lichtquellen) den Vorgang der Fluoreszenz!

Anmerkung

Synthesefaserstoffe werden heute meistens optisch aufgehellt und kaum noch gebleicht, da zum einen der ökonomische Aufwand des Bleichens recht hoch ist und zum anderen die optischen Aufheller, die auf Synthesefaserstoffe appliziert werden, sehr gute Gesamtechtheiten aufweisen.
Wichtige *Fluoreszenzträger* in optischen Aufhellern sind folgende Gruppen, die man mit den chromophoren Gruppen der Farbstoffe vergleichen kann.

1. Pyren

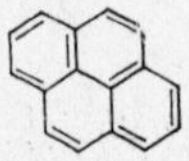

2. Cumarin

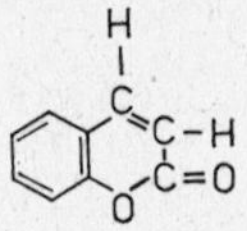

3. Cumaron

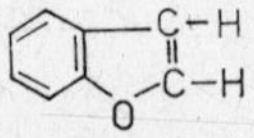

4. Stilben (als Grundkörper)

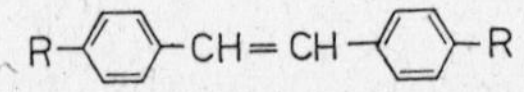

Bei den optischen Aufhellern unterscheidet man nach ihrer Löslichkeit in Wasser

↓ wasserlösliche und optische Aufheller für die Textilveredlung (sie haben alle wasserlöslichmachende $-SO_3H$- oder $-SO_3Na$-Gruppen)

↓ wasserunlösliche optische Aufheller für die Chemischreinigung (ohne wasserlöslichmachende Gruppen) oder für die optische Aufhellung von Acetat-, Triacetat- oder Polyesterfaserstoffen

Die Gesamtstrukturen von optischen Aufhellern sind sehr kompliziert, so daß hier nicht näher darauf eingegangen werden soll.

Handelsprodukte

Wobital-Marken (VEB Chemiekombinat Bitterfeld),
Uvitex-Marken (NSW),
Blankophor-Marken (NSW),
Leukophor-Marken (NSW).

Werden Faserstoffe optisch aufgehellt, so werden diese im elektrischen Glühlampenlicht stets ihre Klarheit einbüßen und trüber erscheinen als bei Tageslicht, da im

elektrischen Licht der Gelbanteil relativ hoch ist und kaum UV-Licht-Anteil vorliegt.
Damit verlieren optische Aufheller unter Glühlampenlicht stets ihre Wirksamkeit. Wichtig ist auch, daß jeder optische Aufheller in einer anderen Farbe fluoreszieren kann.

Dabei unterscheidet man:

blaustichiges Weiß,
rotstichiges Weiß,
gelbstichiges Weiß und unter anderem
auch grünstichiges Weiß.

Wird beim optischen Aufhellen in der Praxis der Zusatz an optischen Aufhellern überschritten, so sinkt die Fluoreszenzwirkung dieser Produkte wieder stark ab. Das bedeutet, daß zwischen der Konzentration des optischen Aufhellers auf der Faser und der Fluoreszenzwirkung selbst eine enge Beziehung besteht.

Bleichen

Zerstörung der gelben Eigenfarbe eines Faserstoffes mittels Chemikalien

↓	↓
Oxidationsmittel	Reduktionsmittel
$NaClO$	$Na_2S_2O_4$
Na-Hypochlorit	Na-Dithionit
$NaClO_2$	$NaHSO_3$
Na-Chlorit	Na-Hydrogensulfit
H_2O_2	
Wasserstoffperoxid	

Optisch Aufhellen

Kompensation der gelben Eigenfarbe eines Faserstoffes bei Tageslicht durch Substanzen, die eine fluoreszierende Wirkung aufweisen. Die optischen Aufheller nehmen vom Tageslicht UV-Anteil auf und wandeln diesen in sichtbares weißes Licht um (siehe auch Bild 7/2).

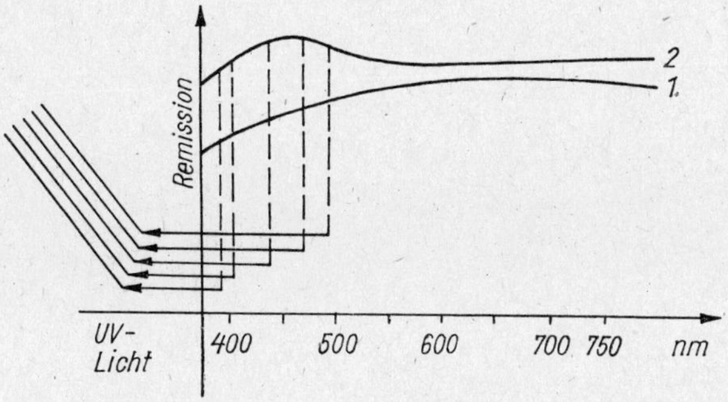

Bild 7/2. Diagramm über die Wirkungsgrade eines optischen Aufhellers

Aufgaben

1. Welche Faktoren müssen vorliegen, daß ein Stoff farbig erscheint?
2. Was versteht man unter einer Komplementärfarbe?
3. Welcher Unterschied besteht grundsätzlich zwischen einem anionischen, kationischen, nichtionischen Farbstoff?
4. Warum bewirkt eine Anlagerung von SO_3Na-Gruppen an einem Farbstoff eine Wasserlöslichkeit?

5. Stellen Sie 3 Strukturen eines anionischen, kationischen und nichtionischen Farbstoffes gegenüber und stellen Sie alle möglichen Merkmale der Typen heraus!
6. Begründen Sie, daß die Naßechtheiten schwachsauerziehender Säurefarbstoffe besser sind als die der starksauerziehenden Säurefarbstoffe!
7. Welche wichtigen Faktoren hinsichtlich der Egalität beider Typen müssen in der Praxis beim Färben besonders beachtet werden?
8. Beschreiben Sie ausführlich Ihre Beobachtungen zu einem Versuch auf dem Lichtschreiber, bei dem ein Dispersionsfarbstoff in Wasser dispergiert, das andere Mal in Ethanol gelöst wird!
9. Nennen Sie alle Farbstoffklassen, die Sie in Ihrem Textilveredlungsbetrieb einsetzen, und geben Sie an, welche textile Flächen mit diesen gefärbt oder bedruckt werden können!
10. Was versteht man unter Farbechtheiten und wie erfolgt ihre Einteilung?
11. Worin besteht der Wirkungsunterschied zwischen Bleichmitteln und optischen Aufhellern?
12. Warum müssen optische Aufheller gute Gesamtechtheiten aufweisen?
13. Warum werden Synthesefaserstoffe in der Produktion der Textilveredlung ausschließlich optisch aufgehellt und nicht gebleicht?

8. Chemie der organischen Lösungsmittel für die Textilreinigung

8.1. Allgemeine Problematik

Unter einem organischen Lösungsmittel versteht man eine Flüssigkeit, die auf Kohlenwasserstoffbasis aufgebaut ist. Die Flüssigkeit muß sich aus den betreffenden Lösungen mehr oder weniger verflüchtigen lassen, damit der gelöste Stoff unverändert zurückbleibt (z. B. Eindampfen).

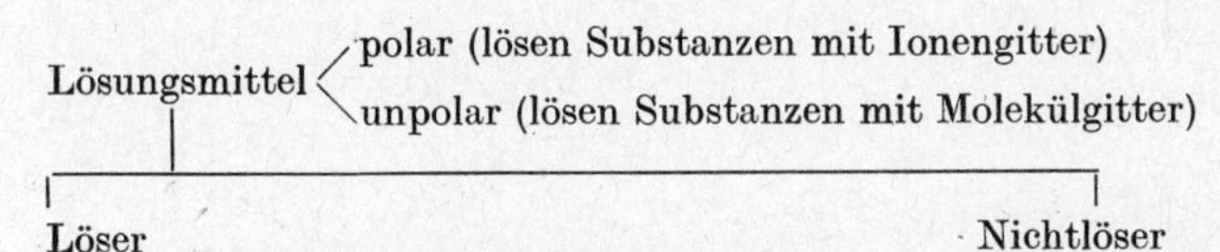

Löser

(oft auch als Verdünnung bezeichnet, siehe Begriff organisches Lösungsmittel!)
In der Technik wurde es üblich, alle diejenigen Flüssigkeiten den Lösungsmitteln zuzuordnen, deren Siedepunkt bei 101,31 kPa nicht höher als 250 °C liegt. Alle Lösungsmittel, besonders die organischen, sind damit mehr oder weniger flüchtig, und zwar bei Raum- bzw. auch bei etwas höherer Temperatur.

Nichtlöser

Eine Flüssigkeit, die zwar einen entsprechenden Stoff nicht löst, aber trotzdem ein organisches Lösungsmittel darstellt. Wichtig ist das bei Lösungsmittelgemischen, wobei das eine Lösungsmittel als Löser, das andere als Nichtlöser fungieren kann.

Anforderungen an ein organisches Lösungsmittel in der Chemischreinigung

Gutes Lösen aller möglichen Fette,
keine Erzeugung von eventuellen Berufskrankheiten durch das Lösungsmittel,
keine Zerstörung von Maschinenwerkstoffen oder Faserstoffen durch das Lösungsmittel,
Lösungsmittel darf keine Nebensubstanzen enthalten,
leichte Zurückgewinnung,
einfache Herstellung,
geringe Toxizität.

Einteilung der organischen Lösungsmittel

1. reine kettenförmige und cyclische Kohlenwasserstoffe
2. chlorierte Kohlenwasserstoffe
3. fluorierte Kohlenwasserstoffe
4. hydrierte Phenole, Naphthaline und Methylphenole
5. Alkanole, Ether, Ester und Pyridin

Für die Chemischreinigung werden lediglich die unter 1. bis 3. genannten Kohlenwasserstoffe, die die entsprechenden angewandten Lösungsmittel enthalten, eingesetzt.
Alle beschriebenen organischen Lösungsmittel haben außerdem die Funktion eines Fettlösers. Darunter versteht man Stoffe, die imstande sind, fettartige Substanzen

zu lösen. In reinem Zustand werden sie in der Chemischreinigung und Detachur, aber auch in der Textilveredlung als Farbstofflösemittel eingesetzt. Auch Waschmittel können Zusätze an Fettlösern enthalten, so zum Beispiel Fettalkoholsulfate. Dadurch ist es möglich, durch das Waschen fettartige Verunreinigungen von der textilen Fläche zu entfernen. Da jedoch organische Lösungsmittel in Form von Fettlösern in Wasser unlöslich sind, liegen diese oft mit den Waschmitteln in emulgierter Form vor (vergleiche die Limpigene von dem VEB Fettchemie Karl-Marx-Stadt). Wichtige chemische Verbindungen von Fettlösern sind alle kettenförmigen Chlorkohlenwasserstoffe sowie auch spezielle ringförmige Kohlenwasserstoffe (siehe Übersicht!).

8.2. Wichtige Kennzahlen organischer Lösungsmittel

Alle Lösungsmittel werden in der Technik durch sogenannte Kennzahlen gekennzeichnet, wie dies auch z. B. bei den Fetten und Ölen bekannt ist. Oft gilt es auch, solche Kennzahlen labormäßig zu bestimmen.

▷ *Übersicht*

Siedepunkt in °C,
Dichte in g · ml^{-1} bei 20 °C,
Flammpunkt in °C, jedoch nur bei brennbaren Lösungsmitteln, wie z. B. bei Benzin, notwendig.
Verdunstungszahl,
MAK-Wert,
Geruchsprüfung,
Wassergehaltsprüfung.

1. Aggregatzustände und Umwandlungspunkte

fest	×	**flüssig**	×	**gasförmig**
→ Schmelzpunkt	→	Siedepunkt		
Erstarrungspunkt ←		Kondensationspunkt ←		

Die Siedepunktunterschiede von organischen Lösungsmitteln werden besonders für den Destillationsprozeß ausgenutzt.

Ⓥ *2. Dichte*

Die Dichte gibt die Masse eines Stoffes in Gramm bezogen auf 1 ml an. In der Technik wird die Dichte mittels eines Aräometers bestimmt. Die Dichten aller organischen Lösungsmittel sind sehr unterschiedlich (Benzin 0,7...0,8 g · ml^{-1}, Chlor-Kohlenwasserstoffe 1 g · ml^{-1}, Fluor-Kohlenwasserstoffe 1,5 g · ml^{-1}).

3. Flammpunkt

Unter Flammpunkt versteht man diejenige niedrigste Temperatur bei 101,31 kPa, bei der sich aus der zu prüfenden Flüssigkeit Dämpfe in solcher Menge entwickeln, daß sie mit der über dem Flüssigkeitsspiegel stehenden Luft ein entflammbares Gemisch ergeben.

Ⓥ *4. Verdunstungszahl*

Die Verdunstungszahl eines Lösungsmittels wird durch das Bezugslösungsmittel Ether bestimmt (mit Stoppuhr). Ist die Verdunstungszahl eines Lösungsmittels zum

Beispiel 3, so heißt das, daß das Lösungsmittel zum Verdunsten die dreifache Zeit benötigt wie Ether.

5. MAK-Wert

Die Erhaltung und Förderung der Gesundheit des Menschen und damit seiner Arbeitskraft macht es erforderlich, daß auch für chemische Substanzen arbeitshygienische Grenzwerte begründet werden.
Diese Grenzwerte werden als *maximal* zulässige *Arbeitsplatzkonzentration* — **MAK-Werte** bezeichnet. Dabei bedeutet die maximal zulässige Arbeitsplatzkonzentration (Dauerkonzentration) gesundheitsschädlicher Stoffe, ermittelt als Durchschnittskonzentration während einer Zeitdauer von 8 h 45 min.

M

Die Angabe der MAK-Werte erfolgt in $mg \cdot m^{-3}$, z. B.
Benzen $5\ mg \cdot m^{-3}$,
Cyanwasserstoff (Blausäure) $5\ mg \cdot m^{-3}$,
Nicotin $0{,}5\ mg \cdot m^{-3}$.

6. Nachweis des Chlors in Chlorkohlenwasserstoffen

Dazu glüht man einen Kupferdraht im Bunsenbrenner aus, taucht ihn in das zu untersuchende Lösungsmittel ein und hält ihn wieder in die Flamme.
Ergebnis: Beim Vorhandensein von Chlor in der Verbindung färbt sich die Flamme grün (Beilsteinprobe).
Der Cl-Ionennachweis mit $AgNO_3$ muß stets negativ ausfallen, da Cl-Ionen in Chlorkohlenwasserstoffen immer auf eine Zersetzung des Lösungsmittels hindeuten.

(V)

7. Nachweis von Doppelbindungen im Lösungsmittel

1 ml Lösungsmittelsubstanz wird mit 0,5 ml Sodalösung und soviel Ethanol versetzt, bis eine klare Lösung eintritt. Versetzt man diese Lösung mit 3 bis 5 Tropfen einer 0,1n Kaliumpermanganatlösung $KMnO_4$, so tritt bei Vorhandensein von Doppelbindungen sofort eine Entfärbung ein.

8. Nachweis von kettenförmigen und ringförmigen Kohlenwasserstoffen

In je einem Reagenzglas werden 1 ml Benzin und 1 ml Benzen vorsichtig mit wenig konzentrierter Schwefelsäure versetzt. Während zwischen Benzin und Schwefelsäure keine Reaktion eintritt, bildet sich am Benzen ein brauner Ring.

9. pH-Wert-bestimmung organischer Lösungsmittel (pH 7...7,5)

a) 5 ml organisches Lösungsmittel wird mit 5 ml destilliertem Wasser versetzt, leicht geschüttelt und der pH-Wert mit Spezialindikatorenpapier (Stuphanpapier) gemessen.
b) 10 ml Tri- oder Perchlorethan werden mit 10 ml Bromthymolblausäurelösung in einem Reagenzglas 1 min leicht geschüttelt. Anschließend wird der Farbton der wäßrigen Schicht koloristisch ausgewertet. Bleibt der grüne Farbton der Indikatorlösung bestehen, so liegt ein pH-Wert von 7 vor. Ein Farbumschlag nach Blau entspricht einem pH-Wert > 7, ein Umschlag nach Gelb < 7.

Anmerkung

Ist der pH-Wert in den Neutralbereich abgefallen, so hat eine Nachstabilisierung in Form eines Zusatzes von Triethylamin und Methylphenol (Kresol) zu erfolgen. Diese Nachstabilisierung ist allerdings erst nach mehreren Destillationsprozessen vorzunehmen.

8.3. Kohlenwasserstoffe

Benzen C_6H_6

Die ringförmige Verbindung Benzen (C_6H_6) wurde erstmals 1825 durch *Faraday* im Leichtöl gefunden. Gewonnen werden kann das Benzen aus dem Steinkohlenteer, aus dem Erdöl oder aber synthetisch durch Trimerisation von Ethen (C_2H_2).

(E) *Struktur*

```
       H
       |
       C
     //  \
H - C     C - H
    |     ||
H - C     C - H
     \\  /
       C
       |
       H
```

Summenformel C_6H_6

Benzen ist eine farblose, lichtbrechende Flüssigkeit von charakteristischem Geruch.

Schmelzpunkt:	5,5 °C (bei Lagerung im Winter beachten)
Siedepunkt:	80,1 °C
Dichte:	$0{,}89\ g \cdot ml^{-1}$
Flammpunkt:	−8 °C
MAK-Wert:	$5\ mg \cdot m^3$

Wichtig ist, daß alle H-Atome durch andere Atomgruppen ersetzt werden können. Diesen Vorgang bezeichnet man als *Substitution*. Die Atomgruppen selbst nennt man dann *Substituenten*.
Wiederholen Sie dazu gleichzeitig mögliche Substitutionsprodukte des Benzens (C_6H_6)!

(A) Benzen ist außerordentlich giftig und kann auch sehr leicht durch die unverletzte Haut aufgenommen werden. Der MAK-Wert wurde daher auf $5\ mg \cdot m^{-3}$ festgelegt. Weitere Senkungen werden angestrebt, wobei Benzen möglichst durch weniger toxische Lösungsmittel ersetzt werden sollte.

Leichtbenzin

Leichtbenzin ist keine einheitliche Substanz, sondern ein Gemisch von kettenförmigen Kohlenwasserstoffen zwischen C_5H_{12} und C_9H_{20} einschließlich deren Isomere.

Leichtbenzin

Alkan	Alkan
C_5H_{12}	C_9H_{20}
Pentan	Nonan

Abtrennung erfolgt durch *fraktionierte Destillation* des Erdöls (siehe Lehrbuch der Chemie Klasse 9!) aus der Teilfraktion Rohbenzin.

Strukturen

1. Pentan C_5H_{12} $CH_3-CH_2-CH_2-CH_2-CH_3$
   Strukturformel (Normalform)

2. Nonan C_9H_{20} $CH_3-CH_2-CH_2-CH_2-CH_2-CH_2-CH_2-CH_2-CH_3$

Strukturformel (ebenfalls Normalform)

$CH_3(CH_2)_7-CH_3$

verkürzte Strukturformel

Prägen Sie sich zu diesem Zweck nochmals die homologe Reihe der Alkane mit Name, Summenformel und rationeller Struktur ein. Legen Sie dabei Gemeinsamkeiten und Unterschiede aller 3 Gruppen (Alkane, Alkene und Alkine) fest!
Da das Leichtbenzin ein Gemisch kettenförmiger Kohlenwasserstoffe ist, kann man nur Bereiche des Siedens oder Entflammens festlegen und keine definierten Siede- oder Flammpunkte.

Siedebereiche: 60...110 °C
Dichtebereiche: 0,734...0,803 g · ml^{-1}
Verdunstungszahl: 3,5
Flammenpunktbereich: −2...0 °C
Enthält häufig Benzen!

Schwerbenzin

Schwerbenzin ist auch ein Teilfraktionsprodukt des Rohbenzins. Sein Siedebereich liegt zwischen 100 °C und 180 °C.
Das Schwerbenzin wird nicht nur als Vergaserkraftstoff verwendet, sondern auch als Lösungsmittel für die Herstellung von Lacken und als Lösungsmittel in der Chemischreinigung (höherer Siedebereich als Leichtbenzin).

8.4. Chlorkohlenwasserstoffe

Tetrachlormethan

Wie Ihnen bekannt ist, bezeichnet man denjenigen Vorgang, bei dem in einem Kohlenwasserstoff ein Wasserstoffatom durch ein anderes Atom ersetzt wird, als Substitution. Als Ergebnis der Substitution entsteht ein neuer Stoff, der sich von diesem Kohlenwasserstoff ableitet. Man bezeichnet ihn allgemein immer als Derivat (derivare = lat. ableiten). Werden in einem Kohlenwasserstoff ein oder mehrere H-Atome durch Cl-Atome ersetzt, so entstehen Chlorkohlenwasserstoffe. Von der Alkanreihe ist der wichtigste Chlorkohlenwasserstoff das Tetrachlormethan (CCl_4).
Tetrachlormethan ist eine farblose, schwere Flüssigkeit, die süßlich riecht. Der Siedepunkt liegt bei +76,7 °C. Tetrachlormethan ist nicht brennbar und hat sehr gute Löseeigenschaften für Fette, Öle, Wachse und Harze. In der Detachur wird dieses Lösungsmittel zur Fleckenentfernung eingesetzt. Die Dämpfe wirken narkotisch und sind äußerst gesundheitsschädigend für Leber und Zentralnervensystem (Aufnahme über die Haut ins Blut).

Struktur

```
      Cl
      |
  Cl—C—Cl
      |
      Cl
```

Siedepunkt: +76,7 °C
Flammpunkt: keiner
Dichte: 1,594 g · ml^{-1}
Verdunstungszahl: 4
MAK-Wert: 20 mg · m^{-3}

Tabelle 11. Vergleich der physikalischen Eigenschaften der übrigen Chlorderivate des Methans

	Dichte ϱ in gcm^{-3}	Schmelzpunkt in °C	Siedepunkt in °C
Methan (CH_4)	0,72	−182,5	−161,5
Monochlormethan (CH_3Cl)	2,037	−97,7	−24,0
Dichlormethan (CH_2Cl_2)	1,336	−96,5	+40,0
Trichlormethan ($CHCl_3$)	1,489	−63,5	+61,2

Trichlorethen (Trichlorethylen)

M Das Trichlorethen ist ein Substitutionsprodukt des Alkens Ethen, und zwar durch Substitution von 3 Wasserstoffatomen durch 3 Chloratome.

Darstellung

$$2\,Cl_2-CH-CH-Cl_2 + Ca(OH)_2 \rightarrow 2\,Cl-CH=C-Cl_2 + 2\,H_2O + CaCl_2$$

Tetrachlorethan — Ca-Hydroxid — Trichlorethen

(E) *Struktur*

$$\begin{matrix} Cl & & & & Cl \\ & C & = & C & \\ H & & & & Cl \end{matrix}$$

Siedepunkt: 86,7 °C
Flammpunkt: keiner (unbrennbar)
Dichte: $1{,}46\ g \cdot ml^{-1}$
Verdunstungszahl: 3,8
MAK-Wert: $250\ mg \cdot m^{-3}$

Das organische Lösungsmittel Trichlorethen wird am häufigsten für die Chemischreinigung eingesetzt. Es hat ähnlich wie Tetrachlormethan einen süßlichen Geruch.

Tetrachlorethen (Perchlorethen)

Bei der Verbindung Perchlorethen sind alle 4 Wasserstoffatome des Alkens Ethen durch Chloratome substituiert.

Darstellung

$$\begin{matrix} Cl & & & & Cl \\ & C & = & C & \\ H & & & & Cl \end{matrix} + Cl_2 \xrightarrow{300\,°C} \begin{matrix} Cl & & & & Cl \\ & C & = & C & \\ Cl & & & & Cl \end{matrix} + HCl$$

Trichlorethen — Aktivkohle (Katalysator) — Tetrachlorethen — Chlorwasserstoff

(E) *Struktur*

$$\begin{matrix} Cl & & & & Cl \\ & C & = & C & \\ Cl & & & & Cl \end{matrix}$$

Siedepunkt: 121 °C
Flammpunkt: keiner (unbrennbar)
Dichte: $1{,}62\ g \cdot ml^{-1}$
Verdunstungszahl: 12
MAK-Wert: $300\ mg \cdot m^{-3}$

8.5. Fluorchlorkohlenwasserstoffe

Allgemeines

In letzter Zeit haben die Fluorkohlenwasserstoffe an Bedeutung stark zugenommen. Auf Faserstoffe wirken sie weniger aggressiv als die Chlorkohlenwasserstoffe. Sie sind ebenfalls unbrennbar. Vor allem aber haben Fluorkohlenwasserstoffe gegenüber den anderen in der Chemischreinigung eingesetzten Lösungsmitteln einen sehr niedrigen Siedepunkt sowie eine sehr günstige Verdunstungszahl. Außerdem ist die Löslichkeit von Farb- und Kunststoffen wesentlich geringer als von Chlorkohlenwasserstoffen. Die Fasern behalten auch weitgehend ihren Feuchtegehalt sowie Wollwaren ihren natürlichen Fettgehalt. Besonders vorteilhaft ist die Anwendung der Fluorchlorkohlenwasserstoffe beim Reinigen von Pelz- und Lederwaren. Der einzige Nachteil dieser Verbindung liegt noch im hohen Preis. Empfindlich gegen diese Lösungsmittel sind Acetat-, Polyethylen- und Polyvinylchloridfaserstoffe. Hier erfolgt durch die Behandlung ein leichtes Anlösen bzw. leichtes Anquellen.
Der wichtigste Grund ihrer Anwendung ist die geringe Giftigkeit.

Trifluortrichlorethan

Das Trifluortrichlorethan ist ein Substitutionsprodukt des Alkans Ethan (C_2H_6), wobei 3 Wasserstoffatome durch das Element Fluor und 3 Wasserstoffatome durch das Element Chlor (Cl) substituiert sind.

Darstellung
Stufenweise Fluorierung von Hexachlorethan (C_2Cl_6) mit Antimon(III)-fluorid (SbF_3)

$$\begin{array}{ccccc} \begin{array}{c} \text{Cl}\ \ \text{Cl} \\ |\ \ \ | \\ \text{Cl}-\text{C}-\text{C}-\text{Cl} \\ |\ \ \ | \\ \text{Cl}\ \ \text{Cl} \end{array} & + SbF_3 \rightarrow & \begin{array}{c} \text{Cl}\ \ \text{F} \\ |\ \ \ | \\ \text{F}-\text{C}-\text{C}-\text{Cl} \\ |\ \ \ | \\ \text{Cl}\ \ \text{F} \end{array} & + & SbCl_3 \end{array}$$

Hexachlorethan — Trifluortrichlorethan — Antimon(III)-chlorid

Siedepunkt:	47,57 °C
Flammpunkt:	keiner (unbrennbar)
Dichte:	$1{,}58\ g \cdot ml^{-1}$
Verdunstungszahl:	1
MAK-Wert:	$5000\ mg \cdot m^{-3}$

Monofluortrichlormethan

Das Monofluortrichlormethan ist ein Substitutionsprodukt des Alkans Methan (CH_4), wobei 1 Wasserstoffatom durch das Element Fluor und 3 weitere Wasserstoffatome durch das Element Chlor (Cl) substituiert sind.

Darstellung
Fluorierung von Tetrachlormethan (CCl_4) mit Fluorwasserstoff (HF).

$$\begin{array}{ccccc} \begin{array}{c} \text{Cl} \\ | \\ \text{Cl}-\text{C}-\text{Cl} \\ | \\ \text{Cl} \end{array} & + HF \rightarrow & \begin{array}{c} \text{Cl} \\ | \\ \text{Cl}-\text{C}-\text{F} \\ | \\ \text{Cl} \end{array} & + & HCl \end{array}$$

Tetrachlormethan — Fluorwasserstoff — Monofluortrichlormethan — Chlorwasserstoff

Siedepunkt:	23,8 °C
Flammpunkt:	keiner (unbrennbar)
Dichte:	1,627 g · ml^{-1}
Verdunstungszahl:	1
MAK-Wert:	5000 mg · m^{-3}

8.6. Andere wichtige organische Lösungsmittel

Propanon (Aceton, früher Dimethylketon genannt)

$CH_3-CO-CH_3$

Darstellung

Aceton wird dargestellt durch Dehydrierung bzw. auch Oxidation des sekundären Propanols $i-C_3H_7OH$ bei 250 °C am Kupferkontakt.

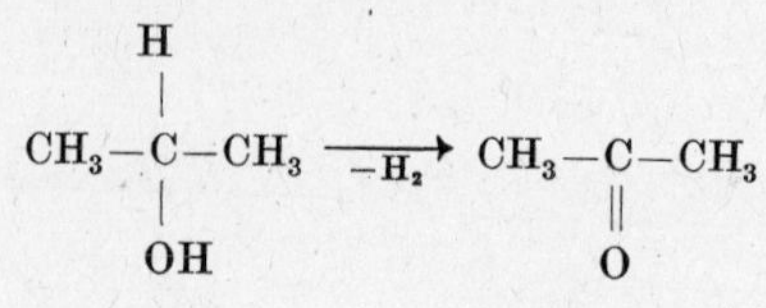

i-Propanol — Dimethylketon, Propanon, Aceton

Eigenschaften

Propanon ist eine farblose und sehr leicht brennbare Flüssigkeit, die sich gut mit Wasser, Äthanol oder Diäthylether mischt. Außerdem ist Propanon sehr flüchtig.

Siedepunkt:	56,2 °C
Dichte:	0,792 g · ml^{-1}
MAK-Wert:	1000 mg · m^{-3}

Ⓥ *Nachweis*

Verdünnt man Propanon mit wenig Wasser und versetzt man dieses Gemisch mit einigen Tropfen verdünnter Natronlauge und Nitroprussidnatrium-Lösung, entsteht eine kirschrote Färbung.

V *Verwendungszweck*

In der Faserstoffanalyse zum Nachweis von textilen Faserstoffen aus Acetat und PVC (Auflösung beider Typen bei Normaltemperatur).

Da Aceton ein starkes Fettlösemittel darstellt, wird es auch als Detachiermittel in der Chemischreinigung zur Beseitigung von Teer-, Harz-, Öl- und Duosanleimflecken eingesetzt.

Bei dem Stempelprozeß in der Arbeitsvorbereitung der Wäscherei wird mittels eines Aceton/Wassergemisches, Wärme und Druck durch die Kennzeichnungsmaschine das Kennzeichnungsband aus Acetatfasergewebe auf dem Wäschestück fest aufgebracht.

Diethylether $(C_2H_5)_2O$

Struktur

$C_2H_5-O-C_2H_5$

Darstellung

Allgemein faßt man die Ether als Anhydride der Alkanole auf, d. h. also, es entsteht aus 2 Molekülen Alkanol unter Austritt eines Moleküls Wasser ein Molekül Ether. Ebenso erfolgt auf diese Weise ihre Darstellung.

$$2\,C_2H_5OH \xrightarrow[H_2SO_4\ \text{konz.}]{140\,°C} C_2H_5{-}O{-}C_2H_5 + H_2O$$

Ethanol Diethylether Wasser

Eigenschaften

Diethylether ist eine sehr bewegliche, hochbrennbare und sehr schnellflüchtige Verbindung.

Siedepunkt: 34,6 °C
Dichte: 0,714 g · ml^{-1}
MAK-Wert: 500 mg · m^{-3}

Tabelle 12. Chemische Strukturen und chemisch-physikalische Kennzahlen wichtiger organischer Lösungsmittel

Name	Struktur	Siedepunkt in °C	Flammpunkt in °C	Dichte ϱ in g · ml^{-1}	Verdunstungszahl	MAK-Wert in mg · m^{-3}
Benzen	(Benzenring)	80,1	−10	0,89	—	5
Benzin	Gemisch aus kettenförmigen Kohlenwasserstoffen	60...180	−2...0	0,7...0,8	3,5	300
Tetrachlormethan	CCl_4 (Cl–C(Cl)(Cl)–Cl)	76,7	—	1,594	4	20
Trichlorethen	$Cl(H)C{=}CCl_2$	86,7	—	1,46	3,8	250
Perchlorethen	$Cl_2C{=}CCl_2$	121	—	1,62	12	300
Trifluortrichlorethan	F–C(Cl)(Cl)–C(F)(F)–Cl	47,54	—	1,58	1	5000
Monofluortrichlormethan	Cl–C(Cl)(Cl)–F	23,8	—	1,627	1	5000

Mit Wasser ist Diethylether nur begrenzt mischbar, mit Alkanolen jedoch unbegrenzt.

Ⓐ Etherdämpfe sind sehr explosiv.
Vorsicht — keine offenen Flammen in Räumen, in denen mit Ether gearbeitet wird!
Etherdämpfe wirken stark narkotisch.

V *Verwendungszweck*

Wegen sehr guter Fettlösung als Detachiermittel in der Chemischreinigung.
Als Bezugsgröße (1) zur Bestimmung der Verdunstungszahl organischer Lösungsmittel.

8.7. Reinigungsverstärker

Als Reinigungsverstärker (RV) versteht man ein solches Zusatzmittel zur Reinigungsflotte, das ermöglicht, die Reinigungswirkung zu erhöhen, indem durch einen gleichzeitigen Wasserzusatz zum Lösungsmittel auch wasserlösliche Verunreinigungen von den Textilfasern (Reinigungsgut) entfernt werden.
Der Hauptanteil aller Reinigungsverstärker ist ein anionaktives Tensid mit Waschwirkung (WAS).
Jeder Reinigungsverstärker ist damit im organischen Lösungsmittel molekulardispers verteilt, und beide können erst dann eine vollständige Schmutzbindung entfalten, wenn sie Wasser aufgenommen haben (Emulgatorwirkung).
Ohne Zusatz eines Reinigungsverstärkers (RV) wäre also der Reinigungsprozeß nur ein Ablöseprozeß für fettartige Substanzen.

Zusammensetzung eines RV	*Handelsprodukte*	*Ionogenität*
↓	Benzapon KR	
Mischung aus kohlenwasserstofflöslichen und	(VEB Polychemie Limbach-Oberfrohna)	a
wasserlöslichen WAS	Benzapon WL	
	(VEB Polychemie Limbach-Oberfrohna)	a
	Leupurol S	
	(VEB Leuna-Werke »Walter Ulbricht«)	a + *n*
mit Zusätzen an	Limpigen BN	
Emulgator	(VEB Fettchemie Karl-Marx-Stadt)	a
Lösungsvermittler	Limpigen CBN	
Stellmittel	(VEB Fettchemie Karl-Marx-Stadt)	a
(H_2O + Lösungsmittel)		
bleichende Agenzien		
weichmachende Substanzen		
desodorierende Substanzen		
desinfizierende Substanzen		
optische Aufheller		

Forderungen an einen Reinigungsverstärker

gute Leitfähigkeit, Lösung darf sich durch H_2O-Zusätze nicht absetzen, filtergängig, Funktion als H_2O-Binde- und H_2O-Rückhaltemittel, darf keine Beeinträchtigung einer späteren Hydrophobierung hervorrufen, Erhöhung des Schmutztragevermögens und damit Verhinderung der Rückvergrauung.

Vorsicht beim Umgang mit Lösungsmitteln in der Chemischreinigung sowie in der Detachur!
Nach jedem Gebrauch organischer Lösungsmittel sind Gefäße oder Behältnisse sofort wieder zu schließen!
Jeder Umgang mit Feuer ist in der Nähe organischer Lösungsmittel unter allen Umständen zu unterlassen! Auch wenn es sich um unbrennbare Flüssigkeiten handelt (hier entstehen giftige Kontaktstoffe).

Aufgaben

1. Welcher Unterschied besteht zwischen Kohlenwasserstoffen, Chlorkohlenwasserstoffen und Fluorkohlenwasserstoffen?
2. Warum ist die Kenntnis des Siedepunktes eines organischen Lösungsmittels für die Technologien in der Chemischreinigung wichtig?
3. Wie weist man in Chlorkohlenwasserstoffen das gebundene Chlor nach? Begründen Sie, warum der Chlorionennachweis in Chlorkohlenwasserstoffen stets negativ ausfallen muß!
4. Erklären Sie die Begriffe Dichte, MAK-Wert und Verdunstungszahl eines organischen Lösungsmittels!
5. Stellen Sie die Dichten, Schmelz- und Siedepunkte von Methan, Mono-, Di-, Tri- und Tetrachlormethan durch verschiedenfarbige Säulen in drei getrennten Diagrammen auf Millimeterpapier dar!
6. Untersuchen Sie die gleichen Daten von Aufgabe 5 der beiden Lösungsmittel Tri- und Tetrachlormethan und lösen Sie die Aufgabe in der gleichen Weise!
7. Warum nehmen die Fluorchlorkohlenwasserstoffe trotz ihres hohen Preises an Bedeutung zu?
8. Vergleichen Sie ihre Siedepunkte mit den übrigen, in der Chemischreinigung eingesetzten organischen Lösungsmitteln! Welche Vorzüge und Nachteile ergeben sich daraus?
9. Was versteht man unter einem Reinigungsverstärker, wie ist er zusammengesetzt und welche Wirkung zeigt er bei der Chemischreinigung?

9. Oxidationsmittel und Reduktionsmittel

9.1. Chemische Besonderheiten

Reaktionen, die unter Elektronenüberführung von einem Partner auf einen anderen ablaufen, nennt man Reduktions-, Oxidations- oder auch Redox-Reaktionen.
Beide Reaktionen können nicht getrennt voneinander ablaufen. Dabei versteht man unter Oxidation die *Abgabe von Elektronen* und damit eine Erhöhung der Wertigkeit und unter Reduktion die *Aufnahme von Elektronen* und damit eine Erniedrigung der Wertigkeit.
Der Stoff, der die Elektronen aufnimmt und dadurch selbst reduziert wird, ist das *Oxidationsmittel.*
Der Stoff, der die Elektronen abgibt und dadurch selbst oxidiert wird, ist das *Reduktionsmittel.*

$2Na + Cl_2 \rightarrow 2NaCl$

$2Na$	$\rightarrow$	$2Na^+$	$+$	$2e$	Oxidation
Reduktions-mittel (RM)		oxidiertes Reduktions-mittel			

Cl_2	$+$	$2e$	$\rightarrow$	$2Cl^-$	Reduktion
Oxidations-mittel				reduziertes Oxidationsmittel	

Die früher als Oxidation definierte Vereinigung eines Stoffes mit Sauerstoff ist nur ein Spezialfall, bei dem Sauerstoff das Oxidationsmittel darstellt (z. B. Verbrennung von Kohle).

$C + O_2 \rightarrow CO_2$

$C \rightarrow C^{4+} + 4e$

$O_2 + 4e \rightarrow 2O^{2-}$

Analoges gilt für den früher als Reduktion definierten Entzug von Sauerstoff aus einer Verbindung durch Wasserstoff. Wichtig bei der Darstellung von Redox-Gleichungen ist, daß die Zahl der vom Oxidationsmittel aufgenommenen Elektronen der vom Reduktionsmittel abgegebenen entspricht, d. h., die Summe der Ladungen auf beiden Seiten der Gleichung muß gleich sein.

$$\overset{+7}{2MnO_4^-} + 5(COO)_2^{-2} \rightarrow \overset{+2}{2Mn} + 10CO_2$$

$$+14 \quad -10 \quad = +4 \quad 0$$

$$\underline{\underline{+4 \quad = +4}}$$

$$\begin{array}{llll} -1 & +5 & \pm 0 & \\ 5HCl + & HClO_3 \rightarrow & 3Cl_2 + & 3H_2O \\ \hline -5 & +5 & = \pm 0 & \\ \hline & \pm 0 & = \pm 0 & \end{array}$$

Und noch ein Beispiel, bei dem Oxidations- und Reduktionsmittel in einer Verbindung nebeneinander bestehen:

$$\begin{array}{lllll} -3 & +6 & \pm 0 & +3 & \\ (NH_4)_2 & Cr_2O_7 \rightarrow & N_2 + & Cr_2O_3 + & 4H_2O \\ \hline -6 & +12 = & \pm 0 & +6 & \\ \hline & +6 = & +6 & & \end{array}$$

Die letzte Reaktion läuft im »Zimmervulkan« ab, wobei ein Häufchen orange Ammoniumdichromat von der Spitze her mit einem Brenner entzündet wird. Unter Feuererscheinung und Volumenzunahme bildet sich das grüne Chrom(III)-oxid.

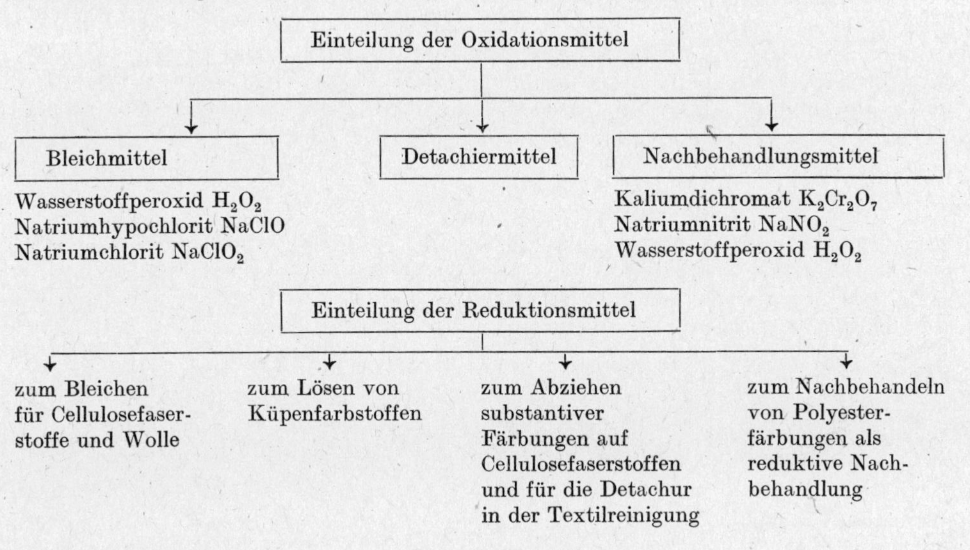

9.2. Wichtige Oxidationsmittel für die Textilveredlung

9.2.1. Wasserstoffperoxid H_2O_2

Strukturformel

$$\begin{array}{l} \qquad\quad\;\; H \\ \quad\; O-O\!\diagup \\ H\!\diagup \end{array}$$

Relative Molmasse: 34
Dichte: 1,47 (35%ig)
Siedepunkt: 155,5 °C
Handelsübliche Konzentration: 35%ig
Dissoziation: $H_2O \rightarrow H^+ + HO_2^-$

Eigenschaften

Wasserstoffperoxid zerfällt beim Bleichen in

$$2H_2O_2 \rightarrow H_2O + O_2, \qquad \Delta H = -193{,}43\ \text{kJ}\ (-46{,}2\ \text{kcal})$$

Diesen Zerfall können Licht oder offenes Stehen noch sehr begünstigen. Da auch schon Staub oder rauhe Oberflächen katalysierend auf die Zersetzung wirken, muß Wasserstoffperoxid H_2O_2 möglichst in Plasteflaschen aufbewahrt werden. Denn selbst schon die rauhe Wand eines Glasgefäßes wirkt auf H_2O_2 zersetzend.
Großen Einfluß hat dabei das Alkali aus dem Glas, das die Zersetzung katalysiert.
Damit Sauerstoff langsam und auch gleichmäßig beim Bleichen abgegeben wird, wird das Bleichbad auf einen *p*H-Wert von 8...10 (Wolle *p*H-Wert 8, Cellulosefaserstoffe *p*H-Wert 10) eingestellt. Außerdem müssen der Bleichflotte zusätzliche Stabilisatoren, wie z. B. Wasserglas (Na_2O/SiO_2 1:2,5...1:1) zugesetzt werden.

V *Einsatz in der Textilveredlung*

1. Zum Bleichen von Wolle unter Zusatz von Ammoniumhydroxid NH_4OH und Stabilisierungssubstanzen bei einem *p*H-Wert von etwa 8,5 bei 55 °C.
2. Zum Bleichen von Cellulosefaserstoffen unter Zusatz von Natronlauge NaOH und Stabilisierungssubstanzen bei einem *p*H-Wert von etwa 10 bei 80 °C.
3. Als Nachbehandlungsmittel zwecks Aufoxidierung von Schwefel- und Küpenfärbungen auf Cellulosefaserstoffen.

(V) *Konzentrationsbestimmung*

10 ml der zu bestimmenden H_2O_2-Lösung werden auf 100 ml mit destilliertem Wasser aufgefüllt und davon 10 ml als Vorlage für die Titration verwendet.
Zu dieser Vorlage gibt man 10 ml H_2SO_4 (1:10) titriert mit einer 0,1n $KMnO_4$-Lösung bis zum Eintreten einer ganz schwachen Rosafärbung.

Berechnung: Verbrauchte ml 0,1n $KMnO_4 \cdot 0{,}08 \triangleq$ g/l aktiver Sauerstoff.

9.2.2. Natriumhypochlorit NaClO

Chemische Kennzahlen

Relative Molmasse: 74,5

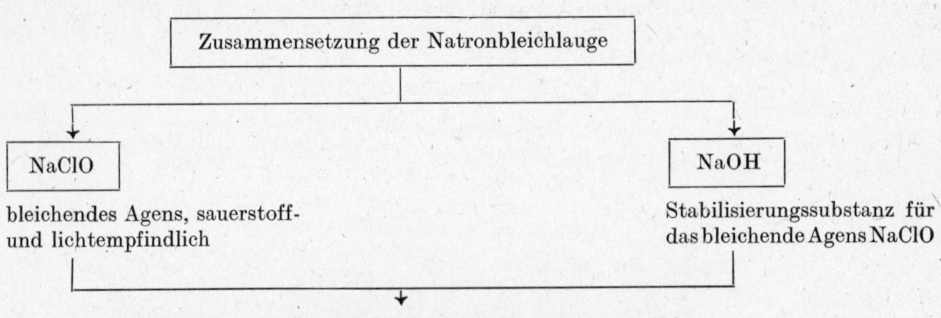

Wirkungsweise beim Bleichen

Der Bleichprozeß läuft in 3 Stufen ab:

$NaClO + H_2O \rightleftharpoons HClO + NaOH$	Hydrolyse, alkalische Reaktion,
$HClO \rightarrow HCl + O$	exotherme Reaktion,
$HCl + NaOH \rightarrow NaCl + H_2O$	Neutralisation.

Einsatz in der Textilveredlung

1. Als Universalbleichmittel für alle Cellulosefaserstoffe außer Viskoseseide, Bleich-pH-Wert: 9,6;
2. Zusatzmittel für das Waschbad in der Textilreinigung.

Dem Bleichbad dürfen keinesfalls optische Aufheller zugesetzt werden, da diese gegen Natriumhypochlorit sehr empfindlich sind. Optische Aufheller können jedoch dem Antichlorbad beigemengt werden. Dabei wird gleichzeitig eine optische Aufhellung vorgenommen.

Anmerkung

In Zukunft wird möglicherweise auch das Lithiumhypochlorit LiClO als Bleichmittel eingesetzt werden. Es ist leicht wasserlöslich und weist einen hohen Aktivchlorgehalt auf.

Bestimmung des Aktivchlors in Bleichflotten

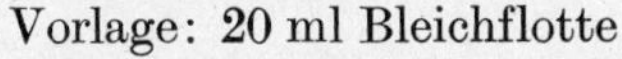

Vorlage: 20 ml Bleichflotte

Diese Vorlage wird unter ständigem Schütteln solange mit 0,1 n arseniger Säure H_3AsO_3 titriert, wie durch Betupfen mit dieser Lösung mittels eines Glasstabes auf Iod-Kalium-Stärkepapier eine Blaufärbung entsteht. Das Ende der Reaktion ist erreicht, wenn durch einen Tropfen der zu überprüfenden Lösung ein ganz schwach blau gefärbter Ring entsteht und dieser nach Zugabe eines weiteren Tropfens 0,1 n arseniger Säure zur Bleichlösung nicht mehr auftritt.

Chemismus: Chlor befreit aus dem Kaliumiodid das Iod, und dieses färbt die Stärke intensiv blau.

$$NaClO + 2KI + H_2O \rightarrow 2KOH + NaCl + I_2\downarrow$$

Berechnung: Verbrauchte ml 0,1 n $H_3AsO_3 \cdot 0{,}71 \triangleq g \cdot l^{-1}$ aktives Chlor.

9.2.3. Natriumchlorit $NaClO_2$

Chemische Kennzahlen

Relative Molmasse: 90,5
Hydrolysierendes Salz mit alkalischer Reaktion nach folgender Gleichung:

$$NaClO_2 + H_2O \rightleftharpoons HClO_2 + NaOH$$

Wirkungsweise des Bleichmittels im sauren Bereich:

$$5NaClO_2 + 4HCl \xrightarrow[pH\ 3{,}5]{} 4ClO_2 + 5NaCl + 2H_2O$$

V *Einsatz in der Textilveredlung*

Zum Bleichen von allen Synthesefaserstoffen sowie Acetat-, Triacetat- und auch Viskosefaserstoffen im sauren Bereich mit Ethan- oder Methansäure.

Ⓐ Vorsicht beim Umgang mit Oxidationsmitteln, besonders beim Verdünnen derselben. Besonders muß dies bei Wasserstoffperoxid beachtet werden, wenn es in 35%iger Form vorliegt. Bei Auftreffen einer solchen Lösung auf die Hand kann es zu Verbrennungen kommen. Beim Verdünnen stets Gummischürze und Schutzbrille tragen!

9.3. Wichtige Reduktionsmittel in der Textilveredlung

9.3.1. Natriumthiosulfat $Na_2S_2O_3 \cdot 5\,H_2O$ (Antichlor)

Chemische Kennzahlen

Strukturformel:

```
O      S—Na
 ⟍   ⟋
   S
 ⟋   ⟍
O      O—Na
```

Relative Molmasse: 158 + 90

Alle Thiosulfate haben reduzierende Eigenschaften, da der Schwefel der Sulfongruppe die Oxidationsstufe −2 aufweist und das Schwefelatom der Sulfongruppe die Oxidationsstufe +6 zeigt:

$$Na{-}\overset{-2}{S}{-}\overset{+6}{S}O_3Na$$

Einsatz in der Textilveredlung

V $Na_2S_2O_3$ wird für die Entchlorung als Nachbehandlungsmittel zwecks Bindung des Chlors für Cellulosefaserstoffe eingesetzt, die mit Natronbleichlauge gebleicht wurden (Antichlor).

Chemismus

Ⓔ $$4\,HClO + Na_2S_2O_3 + H_2O \rightarrow Na_2SO_4 + H_2SO_4 + 4\,HCl$$

$$Na_2S_2O_3 + 4\,Cl_2 + 5\,H_2E \rightarrow Na_2SO_4 + H_2SO_4 + 8\,HCl$$

9.3.2. Natriumhydrogensulfit $NaHSO_3$

Chemische Kennzahlen

Strukturformel:

```
      O—H
     ⟋
O=S
     ⟍
      O—Na
```

Relative Molmasse: 104

Sauerreagierendes Salz mit reduzierenden Eigenschaften, meist als 40%ige »Bisulfitlauge« im Handel

Einsatz in der Textilveredlung

V

1. Zum Bleichen von Wollwaren (besonders Schwarz-Weiß-Melangen) unter Zusatz von H_2SO_4,
2. als Nachbehandlungsmittel für gebleichte Wolle, die mit H_2O_2 behandelt wurde,
3. als Nachbehandlungsmittel für gebleichte Cellulosefaserstoffe, die mit Natronbleichlauge gebleicht wurden.

$$NaClO + NaHSO_3 \rightarrow NaHSO_4 + NaCl$$

9.3.3. Natriumdithionit (Natriumhydrosulfit) $Na_2S_2O_4$ $(\cdot 2H_2O)$

Chemische Kennzahlen

Strukturformel:

```
O       O–Na
 \\    /
   S
   |
   S
 //    \
O       O–Na
```

Relative Molmasse: 174 (210)

Das Salz zeigt so hohe reduzierende Eigenschaften, daß sogar aus Salzlösungen edler Metalle das entsprechende Metall ausgefällt wird.

Reduktionsvorgänge beim Bleichen

E

1. Neutrales Medium

$$Na_2S_2O_4 + 2H_2O \rightarrow 2NaHSO_3 + 2H, \qquad S_2O_4^{2-} \rightleftharpoons 2SO_2 + 2e$$

2. Alkalisches Medium

$$Na_2S_2O_4 + 2NaOH + H_2O \rightarrow Na_2SO_3 + Na_2SO_4 + 4H$$

Einsatz in der Textilveredlung

V

1. Zum Lösen von Küpenfarbstoffen unter Zusatz von NaOH
2. Bedingt zum Bleichen von Wolle einsetzbar. Die Temperatur darf dabei keinesfalls $> 60\,°C$ sein.
3. Zum Abziehen substantiver Färbungen auf Cellulosefaserstoffe. Da substantive Farbstoffe größtenteils Azogruppen als chromophore Gruppen haben, werden diese durch $Na_2S_2O_4$ aufgespalten, so daß dann farblose Spaltprodukte entstehen (siehe Lehrbuch »Veredlung von Textilien«, Abschnitt Färberei!).
4. Als Nachbehandlungsmittel für Polyesterfärbungen mit Dispersionsfarbstoffen unter Zusatz von NaOH zwecks Entfernung überschüssigen Farbstoffes. Dies wird bei einer Temperatur von 80...85 °C durchgeführt.

M

Natriumdithionit zeigt bei 85 °C den höchsten Reduktionseffekt, deshalb ist für die Praxis zu beachten, daß es nicht in Wasser gelöst zugesetzt werden darf, sondern daß man zweckmäßig, z. B. beim Abziehen, das Bad zuerst auf 85 °C erwärmt und anschließend das Natriumdithionit einstreut.

Ⓐ Natriumdithionit als $Na_2S_2O_4 \cdot 2H_2O$ ist wenig beständig und wird deshalb zum haltbaren $Na_2S_2O_4$ entwässert. Es nimmt aus der Luft unter Erwärmung wieder Wasser auf. Bei größeren Mengen kann es zu Wärmestau kommen sowie zur Zersetzung nach

$$2\,Na_2S_2O_4 \rightarrow Na_2S_2O_3 + Na_2SO_3 + SO_2$$

Diese Reaktion ist exotherm und der Grund für mögliche Selbstentzündungen von feucht gelagertem Natriumdithionit.

10. Detachiermittel

10.1. Begriff

Detachiermittel sind chemische Verbindungen, mit denen Flecken aus textilen Flä chen beseitigt werden, die bei der Chemischreinigung nicht entfernt wurden.
Dabei sind sie einmal physikalisch wirksam, indem sie Fremdstoffe lösen, dispergieren oder emulgieren, zum anderen chemisch, indem sie Fremdstoffe umsetzen oder oxidieren und reduzierende Reaktionen auslösen können. Für die Vordetachur verwendet man ein Gemisch aus

1 Teil Wasser,
1 Teil Reinigungsverstärker,
3 Teile Tetrachlorethen (Perchlorethen).

10.2. Einteilung und Einsatzgebiete (Tabelle 13)

Tabelle 13. Übersicht über wichtige Detachiermittel und ihr Einsatz bei der Entfernung von Flecken (nach *Richter/Knofe*)

Lfd. Nr.	Stoff	Formel	Art der Fleckenentfernung
1.	Ethanol	C_2H_5OH	löst Obst, Gras- und Kaffeeflecke
2.	Methansäure	$HCOOH$	löst Obstflecke
3.	Amylacetat	$CH_3-COO-C_5H_{11}$	löst Fett, Harze, Lippenstift, Nagellack
4.	Natriumthiosulfat	$Na_2S_2O_3$	beseitigt Cl-Reste, Ag- und Fixiersalzflecke
5.	Diethylether	$C_2H_5-O-C_2H_5$	löst Fette, Harze und Öl
6.	Propanon (Aceton)	$CH_3-C(=O)-CH_3$	löst Teer, Harze, Öl, Nagellack- und Duosanleimflecke
7.	Benzin	Gemisch von kettenförmigen Kohlenwasserstoffen zwischen C_5H_{12} und C_9H_{20}	löst Fett, Öl- und Schmutzflecke
8.	Natriumhypochlorit	$NaClO$	bleicht Obst-, Farbstoff- und Tintenflecke
9.	Trichlormethan (Chloroform)	$CHCl_3$	löst Teer-, Harz-, Öl- und Fettflecke
10.	Ethansäure	CH_3COOH	löst Kopierstiftflecke, kationische Farbstoffe, Obst- und Firnisflecke
11.	Enzyme	organische Fermente, aufgebaut auf hochmolekularen Eiweißen	Blut-, Milch-, Eiweiß- und Eiterflecke, bauen auch spezifische Fette und Stärken ab

Tabelle 13. (Fortsetzung)

Lfd. Nr.	Stoff	Formel	Art der Fleckenentfernung
12.	Propantriol (Glycerol)	CH_2-OH $\vert$ $CH-OH$ $\vert$ CH_2-OH	löst Parfüm-, Kaffee-, Tee-, Gerbstoff-, tierische Leim- und Iodflecke
13.	Natriumdithionit (Hydrosulfit)	$Na_2S_2O_4$	reduziert Obst-, Farb-, Iod-, Tinten-, Stock- und Rostflecke
14.	Kaliumhydrogenfluorid	KHF_2	reduziert Metalloxid-, Obst- und Rostflecke
15.	Kaliumiodid	KI	beseitigt $AgNO_3$- und Fixiersalzflecke
16.	Kaliumpermanganat	$KMnO_4$	bleicht durch Oxidation Obst-, Gras- und Vergilbungsflecke, besonders bei Wolle und Naturseide
17.	Ethandisäure (Oxalsäure)	$(COOH)_2$	reduziert Metallflecke
18.	Ammoniumhydroxid	NH_4OH	wirkt lösend auf Kopierstift-, Gras-, Blut- und Fettflecke
19.	Salzsäure	HCl	beseitigt hartnäckige Rostflecke
20.	Schweflige Säure	H_2SO_3	reduziert Obst- und Farbflecke
21.	Natriumcarbonat	Na_2CO_3	wirkt lösend auf Fett-, Öl- und frische Tintenflecke
22.	Wasserstoffperoxid	H_2O_2	oxidierendes Bleichmittel, beseitigt Tee-, Blut-, Obst- und auch Sengflecke

Neuerdings gibt es Detachiermittelgemische, die zur Beseitigung von Flecken eingesetzt werden. Man bezeichnet solche Produkte als konfektionierte Detachiermittel, da verschiedene Flecken aus unterschiedlichen textilen Flächen entfernt werden können. In der DDR werden sie unter dem Namen Ilmtex vertrieben (Tabelle 14).

Tabelle 14. Übersicht über die Ilmtexprodukte und ihr Einsatz bei der Entfernung von Flecken

Lfd. Nr.	Bezeichnung des Ilmtexproduktes	Möglichkeiten der Fleckenentfernung
1.	Ilmtex A	Fette, Öle, Schmiere und Graphit (besonders für Azetat geeignet)
2.	Ilmtex E	Milch, Eiweiße
3.	Ilmtex F	Öle, Fette, Ölfarben, Teer und Harze
4.	Ilmtex G	Tee, Kaffee, Gras und Obst
5.	Ilmtex K	Kugelschreiber, Tinte, Kopierstift, Teer und Asphalt
6.	Ilmtex M	alle Metalloxide wie Rost, Grünspan und auch Eisengallustinten
7.	Ilmtex V	für alle Fleckenarten, die wasserlöslich sind

Beim Einsatz der Detachiermittel sind ganz besonders zu berücksichtigen:

Vorliegende Faserstoffe,
Art des verwendeten Farbstoffes bei farbigen textilen Erzeugnissen.

Aufgaben

1. Erklären Sie an einem Beispiel die Begriffe Oxidation und Oxidationsmittel!
2. Begründen Sie, warum Natriumhypochlorit NaClO in Wasser alkalisch reagiert!
3. Warum ist Wasserstoffperoxid ein schonenderes Bleichmittel als Natronbleichlauge?
4. Welche Reaktion zeigt Natriumchlorit $NaClO_2$ im neutralen Bereich (mit Gleichung)?
5. Was versteht man unter einer Reduktion und welche Aufgaben hat ein Reduktionsmittel?
6. Erklären Sie zu folgender Gleichung den Vorgang der Oxidation und Reduktion:

   $$2\,Fe(OH)_3 + NaHSO_3 \rightarrow Fe(OH)_2 + NaHSO_4 + H_2O$$

7. Erklären Sie die Wirkungsweise von Natriumdithionit $Na_2S_2O_4$ auf Farbstoffe, insbesonders auf Azofarbstoffe!
8. Warum zeigt das Natriumdithionit $Na_2S_2O_4$ im alkalischen Medium eine größere Reduktionswirkung als im neutralen?
9. Aus welchen Gründen ist die Reduktionswirkung von Natriumdithionit am größten, wenn es in eine 85 °C heiße Flotte eingestreut wird?
10. Was müssen Sie in der Praxis beim Umgang von Oxidations- und Reduktionsmitteln besonders beachten?
11. Welcher Unterschied besteht zwischen konventionellen und konfektionierten Detachiermitteln?

11. Stärke und Stärkederivate

11.1. Übersicht der Kohlenhydrate

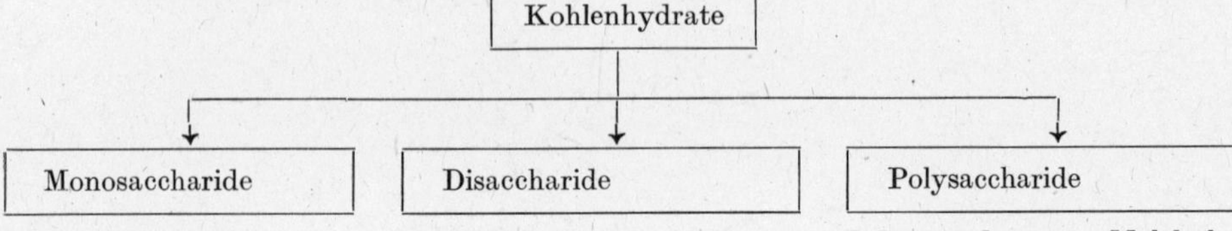

Monosaccharide

Allgemeine Formel

$C_nH_{2n}O_n$

Vertreter mit 6 C-Atomen werden als Hexosen bezeichnet, wie z. B. $C_6H_{12}O_6$

Verbindungen:

Glucose (Traubenzucker) und Fructose (Fruchtzucker)
Von der Glucose existieren 2 wichtige Formen, nämlich die α- und β-Glucose.

α-Glucose:

Disaccharide

Aus 2 Mol. Hexosen unter Austritt eines Mol. H_2O nämlich

$$2\,C_6H_{12}O_6 \triangleq C_{12}H_{24}O_{12}$$
$$-\;H_2O$$
$$\overline{C_{12}H_{22}O_{11}}$$

entstanden

Wichtige Verbindungen sind Saccharose (Rohrzucker), Maltose (Malzzucker) und Lactose (Milchzucker). Alle 3 Vertreter haben die gleiche Summenformel, jedoch eine andere Strukturformel (isomere Verbindungen).

β-Glucose:

Polysaccharide

Polymer, das aus n Molekülen Hexose unter Austritt von n Mol. H_2O entsteht. Also

$$n\;C_6H_{12}O_6$$
$$-\;n\;H_2O$$
$$\overline{(C_6H_{10}O_5)n}$$

Die wichtigsten Vertreter sind die Stärke, die aus n Mol α-Glucose sowie die Cellulose, die aus n Mol β-Glucose bestehen.

11.2. Stärke

Chemischer Bau

Wie aus der Übersicht zu erkennen ist, ist die Stärke ein Polysaccharid, das aus vielen Molekülen α-Glucose aufgebaut ist. Die Summenformel lautet $(C_6H_{10}O_5)_n$.
Da Stärke keine einheitliche Substanz ist und ihr chemischer Aufbau ein kompliziertes Strukturbild aufweist, muß gesagt werden, daß hier die α-Glucose-Moleküle auch als Seitenketten auftreten können. So besteht Stärke aus 15...40% Amylose (einheitlicher Hauptkettenlauf von α-Glucose) und 85...60% Amylopektin (Hauptkettenlauf mit kurzen Seitenketten von α-Glucose). Eine Ausnahme ist die Kartoffelstärke, die als Seitenkette gebundene esterartige Phosphorsäure H_3PO_4 enthält.

Aus didaktischen Gründen soll nun der Aufbau der Amylose dargestellt werden. 

Amylose

Ein Ring ≙ 1 Mol α-Glucose
Zwei Ringe ≙ 1 Mol Maltose (Malzzucker)

Die Verknüpfung der α-Glucosemoleküle findet unter Wasseraustritt statt (Etherbrücken). Die OH-Gruppen der Seitenkette sind primäre OH-Gruppen (reaktionsfähigste OH-Gruppen), die übrigen am Ring sind sekundäre OH-Gruppen. Diese Bedingungen gleichen auch denen der Cellulose. Die Anzahl der angelagerten α-Glucosemoleküle (n) entspricht dem Durchschnittspolymerisationsgrad. Er beträgt bei Amylose 60...500.
Bei dem Amylopektin befinden sich jeweils an den 6. C-Atomen noch 10...20 Seitenketten α-Glucose (ebenfalls durch Veretherung), wodurch auch die Verkleisterung der Stärke hervorgerufen wird. Außerdem beträgt der Durchschnittspolymerisationsgrad DP im Hauptkettenlauf etwa 6000.
Dem *Feinheitsgrad* nach unterteilt man die Stärke in

Reis-, Mais-, Weizen- und Kartoffelstärke,

wobei die Reisstärke die feinste, die Kartoffelstärke die gröbste Stärke darstellt. Jede dieser 4 Typen hat eine unterschiedliche Verkleisterungstemperatur, nämlich

Reisstärke	54...62 °C
Maisstärke	55...72 °C
Weizenstärke	65...68 °C und
Kartoffelstärke	58...62 °C.

Der Stärkeabbau erfolgt immer über Maltose (Malzzucker) zu α-Glucose. Einmal kann er thermisch durch hohe Temperaturen und Druck vorgenommen werden, aber auch chemisch durch stärkere Säuren (z. B. Salzsäure) bei einer Temperatur von 60 °C oder biologisch durch sogenannte Enzyme als biologische Katalysatoren.

Eigenschaften

Stärke ist ein weißes Pulver, das in Wasser unlöslich und lediglich quellbar ist. Damit wird in Wasser eine Verkleisterungserscheinung und eine bestimmte Zügigkeit, die man als Viskosität bezeichnet, erzeugt.

Nachweis (V)

Der Nachweis erfolgt mit Iod-Kaliumiodidlösung (elementares Iod wird in Kaliumiodidlösung gelöst). Bei Anwesenheit von Stärke tritt eine schwarzblaue Färbung auf, die beim Erhitzen verschwindet und bei Abkühlung der Lösung wieder erscheint.

Verwendungszweck V

Stärke verbessert nicht nur das Aussehen von Wäsche, sondern auch die Wasch- und Trageeigenschaften derselben. Stärke wird deshalb vornehmlich in der Wäscherei der Textilreinigung als Füll- und Griffappreturmittel für bestimmte Wäschestücke, wie z. B. Kittel, Schürzen, Berufswäsche, Tisch- und Bettwäsche, eingesetzt.

Das Stärken erfolgt immer nach dem Waschprozeß (letztes Spülbad) mit etwa 8 g je kg Wäsche kalt. Das Flottenverhältnis beträgt im Durchschnitt 1:4. Den handelsüblichen Stärkeprodukten sind meist noch Weichmacher und Füllstoffe beigemischt.

11.3. Stärkederivate

Als wichtigste Stärkederivate sollen vor allem Alkalistärke und die Stärkeether genannt werden. Beide genannten Stärkederivate haben den Vorteil, daß sie nicht nur wasserlöslich, sondern auch leicht auswaschbar sind.

Darstellungen

1. $\boxed{\text{Stärke}}-CH_2OH + NaOH \rightarrow \boxed{\text{Stärke}}-CH_2ONa + H_2O$

Stärke	Natronlauge	Alkalistärke

2. $\boxed{\text{Stärke}}-CH_2ONa + CH_2ClCOONa \rightarrow \boxed{\text{Stärke}}-CH_2-O-CH_2-COONa + NaCl$

Alkalistärke	Na-Salz der Chlorethansäure (Chloressigsäure)	Stärkeethercarbonsäure als Natriumsalz vorwiegend auch Carboxylmethylstärke genannt

Literaturverzeichnis

Brockhaus ABC Chemie. – Leipzig, 1988.
Organische Chemie/*Hauptmann, S.* – Leipzig, 1985.

Sachwortverzeichnis

Aceton 92
Alkalistärke 108
Alkalitätsbestimmungen 25
Alkanole 85
Alkansäuren 13
Alkyl-arylsulfonate 66, 72
—-sulfate 65, 72
—-sulfonate 65, 72
Aluminiumacetat 73
Ameisensäure 16
Ammoniak 12, 19
Ammonium-acetat 24
—-hydroxid 19
—-kobaltrhodanid 73
—-sulfat 24
Anionaktive Textilhilfsmittel 63, 72
— — Nachweis 73
Anthrachinonfarbstoffe 80
Ätzalkalität 26
Auxochrome Gruppen 79
Azofarbstoffe 80, 81

Basen 11, 18
—-dissoziation 11
—-einteilung 14
—-wertigkeit 11
Basisch reagierende Salze 25
Basische Salze 22
Beilsteinprobe 87
Benzen 79, 88, 93
Benzin 88, 89, 93
Biuretreaktion 74
Bleichen 83, 97, 98, 99, 101

Carbonathärte 40
—-bestimmung 43
Carbonisieren 16
Chelaplex-Lösung 43, 44
Chloridnachweis 16
Chlor-Kohlenwasserstoffe 89
—-nachweis in Lösungsmitteln 87
Chlortriazinfarbstoffe 81
Chromogen 79
Chromophore Gruppen 79
Cumarin 82
Cumaron 82

Detachiermittel 103
Dichte 86
Diethylether 92
Dispergieren 58, 60, 61
Dispergiermittel 60, 65, 66, 67, 71
Disperse Phase 55
Dispersion 55, 56
Dispersionsfarbstoffe 17, 80
—-mittel 55
Dissoziation von Farbstoffen 80

Egalisiermittel 71
Egalisiervermögen von Säurefarbstoffen 81
Elektrostatische Aufladung 69
Emulgatoren 60, 66, 70
Emulgieren 59, 60, 61
Emulsionen 56, 57, 59
—-nachweise 57
—-verwendungszweck 57
Essigsäure 13, 17, 73
Esteröle 64, 72
Ethandisäure 17
Ethenoxid 69, 70

Farbentstehung 77
Farbsehen 77
Farbstoff-abziehmittel 67, 101
—-aufbau 58, 59, 79, 80, 81
Farbstoffe 77
Farbstofflöslichkeit 78
Fett-alkoholsulfate 65, 72, 73, 75
—-säuren 63
Flammpunkt 86
Fluorchlorkohlenwasserstoffe 91
Fluoreszenz 82

Gel 56
Gesamthärte 40
—-bestimmung 41, 43
Glucose 106, 107
Grenzflächen-aktivität 51, 52, 53
—-spannung 51, 53

Härte-arten 39, 40
—-grade 38
Hydrogensalze 22
Hydrolyse 23
—-gleichungen 23
Hydrotiometer 42

Ilmtex-Produkte 104
Indikatoren 31, 32
Ionenaustauschverfahren 47, 48

Kalilauge 19
Kaliumpermanganat 16, 17, 87
Kalkhärte 44
—-Soda-Verfahren 46
Kationaktive Tenside 67
— — Aufbau 68, 69, 72
— — Basenempfindlichkeit 69
— — Eigenschaften 69
— — Nachweis 73
Kationische Farbstoffe 80
Kessel-speisewasser 40
—-stein 40
Koagulation 56
Kolloide Dispersionen 55, 56
Komplementärfarben 78
Komplex-salze 19, 22
—-salzenthärtung 49
Kongorot 31
Kupfersulfat 19, 74
Küpenfarbstoffe 80

Lackmus 13
Laugieren 18
Leichtbenzin 88
Löser 85
Lösungen 55
Lösungsvermittler 85

Magnesium-chlorid 40
—-härte 44
—-hydrogencarbonat 37, 40
—-sulfat 40
MAK-Wert 86, 93
Mercerisieren 18
Mersolate 65
Methyl-orange 25, 26, 31, 43
—-rot 31, 32
Monofluortrichlormethan 91
Murexid-Indikator 44

Nachbehandlungsmittel 69
Natriumacetat 27
Natriumcarbonat 25
Natrium-chlorit 99
—-dithionit 101
—-hydrogensulfit 100
—-hypochlorit 98
—-metahexaphosphat 49
—-sulfid 27
—-thiosulfat 100
Natron-lauge 18
—-nachweis 18
Neßlers Reagens 20
Netzen 57, 58, 59
Netzmittel 59, 71
Neutralsalze 22
Nichtionogene Textilhilfsmittel 69
— — Aufbau 54, 69, 72
Nichtionogene Textilhilfsmittel
— — Eigenschaften 70
— — Handelsprodukte 71
— — Nachweis 74
Nichtcarbonat-härte 40
—-härtebestimmung 40
Nichtlöser 85
Niederschlagsverfahren 46
Nitrobenzen 79
—-prussidnatrium 92
Normallösungen 15, 25, 27, 31, 33, 34, 43, 56

Optische Aufheller 81, 72
Optisches Aufhellungsprinzip 82
Organische Lösungsmittel 85
— — Anforderungen 85
— — Einteilung 85
— — Kennzahlen 86, 93
— — Strukturen 88, 89, 90, 91, 92, 93
Orientierte Adsorption 53
Oxalsäure 17, 104
Oxidation 96
Oxidationsmittel 96, 97

Perchlorethen 90
Phenolphthalein 26, 31
*p*H-Wert 29
—-Bestimmung 30, 31, 32, 34, 44, 87
Polare Lösungsmittel 85
Protolyse 13
Pufferlösungen 33
Pyridin 68

Reaktivfarbstoffe 81
Reduktion 96
Reduktionsmittel 100
Regenerieren 47
Reinigungsverstärker 94
Ricinolsäure 64

Salzbildung 22
—-dissoziation 22
Salze 22
Salzsäure 16
sauer reagierende Salze 23, 24
Säure-dissoziation 11, 13
—-einteilung 13
—-farbstoffe 81
—-wertigkeit 11
Schmälzen 57
Schmutz 61
Schüttelflasche 42
Schwefelsäure 11, 15
Schwerbenzin 89
Seife 63
— Arten 63
— Aufbau 63, 72
— Eigenschaften 63

Siedepunkt 86
Silbernitrat 16
Sodaalkalität 26
Sol 56
Spektralfarben 77
Stärke 106
Stilben 82
Stuphan-Indikator 32
Substantive Farbstoffe 80
Sudanrot 57
Sulfierte Öle 63, 72
Suspension 57

Tenside 51
— Aufbau 52
— Gruppenzugehörigkeit 54
— Wasserlöslichkeit 52
— Wirkungsweise 53, 57, 58, 59, 60, 61
Tetrachlorethen 90, 93
Tetrachlormethan 89, 93
Thermische Dissoziation 24
Trichlorethen 90, 93
Trifluortrichlorethan 91, 93
Trinatriumphosphat 26
—-verfahren zur Wasserenthärtung 26, 47

Unitest 31
Unpolare Lösungsmittel 85

Verdunstungszahl 86
Vinylsulfonfarbstoffe 81

Walken 17
Waschflottenprüfung 25
Waschmittel 60, 62, 63, 65, 66, 67, 71
Waschprozeß 60, 61
Wasser 35
—-arten 35
—-dissoziation 29, 30
—-enthärtungsverfahren 46
—-härte 37
—-härteberechnungen 38, 45
—-reinigung 36
—-stoffionenkonzentration 29
—-störsubstanzen 35
Wasserstoffperoxid 97
Weichmacher 54, 60, 65, 67, 68, 71, 72
Wirkungsweise textiler Hilfsstoffe 10
Wofatitverfahren 47, 48
—-Wasserenthärtungsanlage 48